能源与电力分析年度报告系列

**2014**

# 国内外智能电网发展分析报告

国网能源研究院　编著

U0229973

中国电力出版社
CHINA ELECTRIC POWER PRESS

## 内 容 提 要

《国内外智能电网发展分析报告》是能源与电力分析年度报告系列之一，系统介绍了国内外智能电网2013年度发展情况，并进行展望和分析，为我国智能电网战略规划和部署实施提供决策参考。

本报告第1章回顾了美国、欧洲、日本等主要发达国家和地区2013年智能电网规划、技术与实践进展，以及2013年智能电网领域跨国协作与行业联合的成果；第2章从战略规划部署、政策法规颁布、技术标准制定、关键技术研发、试点与示范工程建设等方面展示了2013年中国智能电网取得的主要成就；第3章对智能电表应用和发展及微电网两个领域做了专题研究；第4章对国内外智能电网发展趋势进行了展望。

本报告可供我国能源及电力工业相关政府部门、企业及研究单位参考使用。

**图书在版编目（CIP）数据**

国内外智能电网发展分析报告.2014/国网能源研究院编著.—北京：中国电力出版社，2014.10
（能源与电力分析年度报告系列）
ISBN 978-7-5123-6705-0

Ⅰ.①国⋯  Ⅱ.①国⋯  Ⅲ.①智能控制－电网－研究报告－世界－2014  Ⅳ.①TM76

中国版本图书馆 CIP 数据核字（2014）第 249310 号

中国电力出版社出版、发行
（北京市东城区北京站西街 19 号  100005  http：//www.cepp.sgcc.com.cn）
汇鑫印务有限公司印刷
各地新华书店经售

\*

2014 年 10 月第一版    2014 年 10 月北京第一次印刷
700 毫米×1000 毫米  16 开本  9.125 印张  109 千字
印数 0001－2500 册  定价 **50.00** 元

# 前 言

　　国网能源研究院多年来紧密跟踪国际、国内智能电网政策、规划、标准、技术及示范工程的最新进展，开展广泛调研和对比分析研究，形成年度系列分析报告，为政府部门、电力企业和社会各界提供了有价值的决策参考和信息。

　　智能电网（Smart Grid）通过将现代信息和通信技术深度集成应用于电网业务所涉及的各个环节，进而实现电网的高度信息化、自动化和互动化。智能电网作为当今国际电网的发展趋势，在应对气候变化、保障能源安全、带动国家产业升级中具有重大战略意义。

　　世界主要发达国家积极研究制定与各自国情相适应的智能电网发展战略目标、发展路线，通过政策激励、标准制定等措施，不断加快智能电网相关产业发展，推动本国智能电网发展。

　　我国政府高度重视智能电网建设，2010－2012年政府工作报告中均要求加强智能电网建设，并将智能电网列入国家"十二五"发展规划纲要。以国家电网公司和南方电网公司为代表的电网企业积极贯彻落实国家能源发展战略，发挥自身专业优势，成为我国智能电网发展建设的主要引领者和推动力量。目前，我国智能电网发展呈现出发展步伐快、建设力度大的特点，总体已经达到世界领先水平。及时总结经验、寻找差距和不足、深入分析国内外智能电网发展的趋势，有助于更高效、经济地发展我国的智能电网事业。

本报告是能源与电力分析年度报告之一，共分4章。第1章介绍美国、欧洲、日本等主要发达国家和地区2013年智能电网部署与建设工作的进展，以及2013年智能电网领域跨国协作与行业联合的主要成果；第2章从战略规划部署、政策法规颁布、技术标准制定、关键技术研发、试点与示范工程建设等方面回顾了2013年中国智能电网发展情况；第3章对智能电表应用和发展，以及微电网两个领域做了专题研究；第4章对国内外智能电网发展趋势进行了展望。

本报告概述由李立理、李博主笔；国外智能电网发展情况由张钧、谢光龙、胡波、何博主笔，张钧、谢光龙统稿；中国智能电网发展进展由李博、何博、杨倩、白翠粉主笔，李立理、杨方统稿；专题研究由张钧、谢光龙主笔，李博统稿；国内外智能电网发展展望由王阳、刘林主笔，王阳统稿；全书由黄瀚统稿、校核。

在本报告的编写过程中，得到了南方电网公司科学研究院等单位，国家电网公司科技部（智能电网部）、营销部、发展策划部等部门的大力支持，在此表示衷心感谢！

限于作者水平，虽然对书稿进行了反复研究推敲，但难免仍会存在疏漏与不足之处，恳请读者谅解并批评指正！

**编 著 者**

2014年9月

# 目  录

# 概　　述

21世纪以来，世界经济形势和能源发展格局发生深刻变化，世界能源开发利用规模不断增大，新能源持续快速发展，能源结构多元化趋势明显，节能环保、清洁能源、低碳经济、可持续发展成为当今世界关注的焦点，构建清洁、低碳、可持续的能源体系成为新一轮能源变革的显著特征。传统输电网络正在向综合配置能源、产业、信息等各类资源，带动智能家居、智能交通、智能社区、智慧城市发展的智能化电网转变。

智能电网具有巨大的经济价值、社会价值、环保价值，是实现能源可持续发展的战略选择，为经济社会发展提供更安全、更高效、更清洁的电力保障。世界主要发达国家纷纷把发展智能电网作为抢占未来经济制高点的一项重要战略措施，并由此掀起了一场全球范围的智能电网建设热潮，取得了许多突破和重要进展。

2013年，国内外智能电网在经过了近几年的高速建设期后，步入常态化发展阶段。各国逐步完善并延续既定战略与规划，积极推进相关法规及标准的制定和执行工作，在重点技术领域向纵深化发展，并纷纷评估总结阶段性成果。同时，智能用电成为近中期各国研发与实践的焦点，电力用户从被动式用电逐步过渡到主动参与地位，智能电网整合各利益相关方的平台效能越来越得到重视。

从世界各国智能电网建设运营的成功案例来看，有力、高效的政策是实现效益目标的保证和基础。政策制定者需要全面考虑新能源运营商、公用事业、新技术公司、科研咨询机构及用户等多方利益，通过制定合理的规则和刺激政策，综合协调，充分挖掘系统运行灵活性，才能保证智能电网的健康、可持续发展。

展望近中期未来，随着市场在经济社会中发挥决定性的作用，电网将成为优化配置能源资源的绿色平台、满足用户多元化需求的服务平台，市场领域不断拓展，竞争主体不断增加，业务内容不断丰富。智能电网将在新一轮能源变革中发挥更加重要的作用。

# 1

# 国外智能电网发展情况

美国、欧盟、日本等发达国家和地区的智能电网建设具有代表性和先进性。本章在对其分别进行阶段性总结的基础上，从政策措施、关键技术与重点标准、投资建设和示范工程等方面介绍上述国家和地区 2013 年智能电网的相关工作情况，并从国家间技术与标准协同工作方面总结 2013 年智能电网领域行业协作的新成果。

## 1.1 美国

美国多次发生的大停电事故，给美国造成了巨大的经济损失和社会影响。投资改造陈旧的电网基础设施、提升电网安全水平成为电力领域可持续发展的迫切要求。同时，为了应对气候变化和传统化石能源日益短缺等问题，开发利用可再生能源得到了美国联邦及各州政府的高度重视。然而可再生能源发电及并网对电力系统的灵活性、实时控制管理和电网发展模式提出了更高的要求。

在上述背景下，从 2007 年开始美国政府陆续颁布了《能源独立与安全法案》（EISA 2007）、《复苏与再投资法案》（ARRA 2009）和白宫政策报告等一系列智能电网政策法规、经济刺激计划，将智能电网作为实现能源战略变革、保障能源安全、振兴国家经济的发展战略。美国能源部等对本国智能电网发展有重要全局指导和推动作用，其通过智能电网投资项目（Smart Grid Investment Grant Program，SGIG）和智能电网示范项目（Smart Grid Demonstration Program，

SGDP）重点扶持由其审批通过的关键智能电网项目，并取得了一定的阶段性成果。

美国 2013 年的电源建设紧密围绕国家能源政策调整，注重风能、太阳能、生物质能等多种可再生能源的开发利用；电网侧加速改造陈旧的基础设施，并为逐步打破区域间电力规划壁垒创造政策条件。与此同时，美国成熟的电力市场运营模式为智能电网形成分布式能源与微网、智能建筑、需求响应等多个领域众多利益相关方参加的综合能源配置平台，逐步发挥综合效益创造了坚实的基础，并持续为以经济性最优为导向的多元化市场环境提供政策和投资指引。

### 1.1.1 研究与建设阶段性总结

2013 年，美国能源部、国家科学和技术委员会等多个国家级机构纷纷发布智能电网评估报告，开展阶段性成果总结，涉及工作进度、全面效益分析等多个方面，并在此基础上明确了存在的问题和下一步需重点发展的方向，为智能电网未来发展提供借鉴。

2013 年 2 月，美国白宫国家科学和技术委员会（National Science and Technology Committee，NSTC）发布了《21 世纪电网政策体系：工作进展报告》（A Policy Framework for the 21st Century Grid：A Progress Report），对美国政府在推动智能电网建设方面采取的措施和取得的成效进行了总结，取得的成效包括：

（1）推动了新技术在电网中的应用。在国家复苏与再投资专项基金资助下，已有 5000 条自动化配电线路、几百个先进的传感设备应用到美国电网中，通过故障诊断、定位和快速恢复，提高了电力系统的运行效率和对商业用户、居民用户的供电可靠性。

（2）加快了农网的现代化步伐。美国农业部发放贷款 2.5 亿美元，用于提高美国农网的现代化水平，带动农业地区的经济发展。

（3）为现代化电网的建设和运行培养了人力资源。美国已投入

4600万美元（总投资计划为1亿美元）用于资助50个培训项目，为智能电网的建设和运行培养人才，并特别关注对退伍军人的培训，帮助他们借助智能电网发展机遇寻找到较好的工作岗位。

（4）降低了用户用电开支。美国2012年1月开始实施的"绿色按钮计划"，为1600万家庭和商业场所安装了电能使用监控系统，帮助用户优化用电，节省用电支出；2013年新增2000万用户。

（5）保护了电网免受网络安全、物理设施等方面的攻击和破坏。由政府组织研发了"电力部门网络安全能力完备性分析软件"，研制了"自恢复变压器"，用于评估电力设备的信息安全水平和缩短超高压变压器故障后的恢复时间。

2013年4月，美国能源部发布报告《复苏法案智能电网投资的经济效益》（Economic Impact of Recovery Act Investments in the Smart Grid）。报告对2009年美国《复苏与再投资法案》资助下实施智能电网建设项目（SGIG）和智能电网示范项目（SGDP）所带来的经济效益进行了分析。

2009年8月—2012年3月期间，在该法案基金和相关配套资金的支持下，美国政府对智能电网建设项目投入了约30亿美元资金，所获得的经济效益在68亿美元以上，同时增加了近47 000个工作岗位，其中12 000个岗位直接来自智能电网技术领域的生产厂家、IT行业和其他技术服务部门，其他岗位则来自这些部门所连带的工业及经济领域。智能电网投资带来的投资回报率高于美国平均投资回报率，表1-1列出了智能电网的效益评估结果。

表1-1                智能电网的效益评估结果

| 项        目 | 数        值 |
|---|---|
| 增加就业岗位（个） | 47 000 |

续表

| 项　　目 | 数　　值 |
|---|---|
| 增加劳动收入（亿美元） | 28.6 |
| GDP 增长（亿美元） | 41.8 |
| 产出（亿美元） | 68.3 |
| 增加州税收（亿美元） | 3.6 |
| 增加联邦税收（亿美元） | 6.6 |

2013 年 10 月，美国能源部发布了《美国 2009 复苏与再投资法案（ARRA）—智能电网投资项目的第二期进度报告》。报告总结了美国智能电网建设项目（SGIG）自 2009 年以来资助的各项工程和研究项目在 2012 年 7 月第一期进度报告之后的最新进展。

在总体进度（见图 1‐1）上，大部分项目的硬件设施安装进展迅速，在 2013 年底可完成全部设备安装。2015 年前，SGIG 将持续进行数据分析和申报受理工作。

SGIG 项目的类型分布如图 1‐2 所示，由图 1‐2 可以看出高级测量体系（AMI）仍是 SGIG 的投资重点。随着该类型项目建设接近尾声，与之相关的用户系统相对落后的问题凸显，许多项目都面临因信息通信和系统集成问题无法使智能电表与用户系统高效互动的困境。另外，输电和配电系统投资较上年有所提高。

除上述领域之外，信息安全也成为 SGIG 关注的重点。

通过对 SGIG 资助项目的跟踪，美国能源部得以定位各项目中信息安全的薄弱环节，并指导各项目加强信息安全部署。

### 1.1.2　政策措施颁布情况

（一）总体概况

2007 年，美国国会通过的《能源独立与安全法案》中"智能电网"一章对美国智能电网的战略推进框架进行了系统设计与描述，明

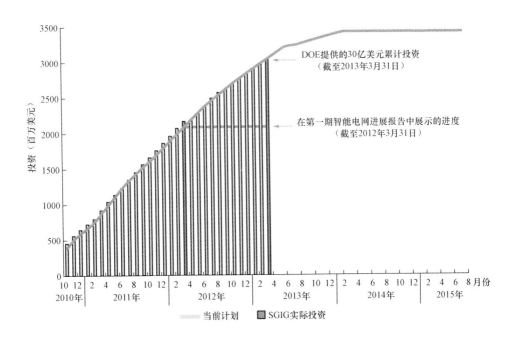

图 1-1　DOE 对 SGIG 项目的实际投资与计划投资

（截至 2013 年 3 月 31 日）

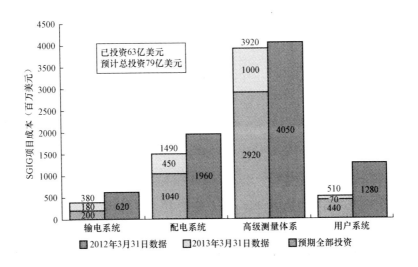

图 1-2　SGIG 项目的分类别投资情况（2013 年 3 月）

确了多项重点发展任务和具体承担部门。2009 年，在全球金融危机的大背景下，奥巴马政府通过了《恢复与再投资法案》，对《能源独立与安全法案》中与智能电网相关的内容进行了修订，形成了"覆盖面广、重点突出"的政策扶持体系。

（二）2013 年美国在智能电网政策措施方面的进展

（1）加强清洁能源投资建设支持力度。

2013 年 2 月，美国总统奥巴马发表了连任之后的首次国情咨文，特别提及将在教育与清洁能源领域新增投资 500 亿美元。2013 年 4 月，奥巴马提出了高达 284 亿美元的 2014 年清洁能源投资预算建议。美国能源部据此开展部署，于 2013 年颁布了一系列推动美国新能源发电研究与应用的政策和措施。

1）多种政策推动海洋能发电。

美国可开发的海洋能主要集中在西海岸（特别是俄勒冈州和加州海域）和阿拉斯加海域，与沿海城市负荷中心相吻合。据美国电科院估计，美国每年海洋能可产生电量 26 100 亿 kW·h，其中上述两个海域发电能力约占 80%。

近年来，海洋能发电技术得到了美国政府、能源行业、大学和军事机构的重视。美国能源部水电计划（DOE's Water Power Program）已投入了 8700 万美元资助大学开展海洋能发电前期研究，美国海军也持续进行海洋能应用研究。目前美国正在研发的海洋能项目有 80 项，还有一些项目仍处在规划阶段。

2013 年 5 月，美国能源部宣布投资 1300 万美元资助海洋和流体能源系统研究。计划选择 10 个项目给予资助，重在研究其海洋能发电系统的控制系统设计和相关设备研制。

2013 年 8 月，美国能源部宣布投资 1600 万美元资助 17 个项目开发波浪能、潮汐能和洋流能的可持续、高效应用。通过这 17 个项目，提高海洋能发电量，以及波浪、潮汐能装置的可靠性，并收集有关部署设备与周边环境互动情况的数据。

受资助的 17 个项目可分为两类：①高效的波浪和潮汐能技术。主要涉及 8 个项目 1350 万美元资金，用以帮助美国企业制造高耐用性、高效率的波浪和潮汐设备，降低成本并最大化能量捕捉能力，具体包括开发新的动力传动系统、发电机、架构组件，以及功率预测和调节软件，预测海洋环境条件，并根据预测结果调整设备配置，优化电力生产。②可持续的能源开发。涉及 9 个项目 240 万美元资金，用于收集和分析波浪能和潮汐能项目的环境数据及具备开发潜能的区域，以确保妥善解决海洋能开发项目可能引发的环境影响。

2）加大太阳能发电投资建设力度。

作为美国"太阳能计划"的一部分，美国能源部出资 900 万美元资助国内 7 项太阳能数据挖掘项目，推动太阳能相关研究、设备制造、工程实践、政策制定、商业化运营的发展，降低美国太阳能利用的成本，提高太阳能储能电池的效率。

900 万美元资助计划主要分为两部分，其中 700 万美元投入与桑迪亚国家实验室、国家可再生能源实验室、耶鲁大学、得州大学奥斯丁分校的合作项目，利用统计和计算机工具测试全国范围内试点工程中新技术的应用效果和比例，并解决工程所体现的业界共性问题。另外 200 万美元投入由北卡来罗那大学夏洛特分校、麻省理工学院和斯坦福国际研究所主持的 3 个项目，着重分析 10 年来太阳能相关学术论文、专著、专利以及生产和消费数据，勾勒出美国 10 年来太阳能产业技术和商业化运营的全景图。通过全面分析和总结，发掘新方法以加速技术突破，并为进一步降低太阳能应用成本扫清障碍。

3）支撑分布式电源技术发展。

2013 年 11 月，美国能源部宣布向其下属高级研究计划署能源部门（Advanced Research Projects Agency Energy，ARPA - E）提供 3000 万美元，资助开发新型电化学能量转换技术，以降低分布式电源成本。ARPA - E 将通过"基于电化学系统的可靠供电"项目研究适用于分布式电源的燃料电池技术，利用创新性燃料激发和设计模式，开发基于低成本材料的中温燃料电池及其管理系统，以发挥现有分布式能源系统在提高电网稳定性、保证能源安全、平衡可再生能源间歇性、减少碳排放方面的作用。

（2）出台新政策推动储能技术的发展。

2013 年 12 月，美国联邦能源管理委员会（Federal Energy Regulatory Comission，FERC）颁布 792 号法案《小型发电机并网协议及流程规定》（Small Generator Interconnection Procedures，SGIP），扩大了原"小型发电机接入电网规程及快速通道流程（Fast Track）"的适用范围，特别增加了针对储能设备并网的相关规定，并提出了在决定 SGIP 和快速通道适用范围时，确定储能设备规模的方法，进一步为可再生能源并网扫清政策障碍。

### 1.1.3 关键技术与重点标准进展

（一）2013 年美国智能电网关键技术进展

2013 年美国智能电网关键技术进展主要体现在电池储能技术、电动汽车技术以及可再生能源利用技术等方面。

（1）电池储能技术。

奥巴马政府在第二任期内为履行"发展清洁能源，应对气候变化"的承诺，已陆续拨款资助美国国内有关机构，着重开展海洋能、微网、电池储能等技术的研发和部署。鉴于在提高可再生能源并网、抵御自然灾害、灾后重建等方面发挥的重要作用，储能技术近几年来成为美国智能电网领域研究开发的核心关键领域之一。

美国能源部于 2013 年 12 月发布了《电网储能》报告，分析评估了储能发展效益、未来发展面临的主要技术和政策障碍，并有针对性地提出解决方案，进一步推动电网规模储能发展。

报告首先总结了美国和主要国家电网规模储能部署和应用情况。目前美国并网储能约 24.6 GW，其中 95% 为传统的抽水蓄能，电池、飞轮、压缩空气和热储能合计容量仅为 1.2GW，且以 1MW 以下小规模储能为主。美国认为其国内并网储能发展已落后于欧洲、日本和中国。

报告随后对主要储能技术进行了梳理分析，对抽水蓄能、压缩空气 CAES、大规模电池组（包括锂铁、纳硫、铅酸、液流电池）、飞轮、超导储能等技术的成熟度、应用经验、面临的主要挑战，以及在不同领域的适用性作出了系统阐述。

报告还对储能技术发展和应用部署存在的主要障碍进行了总结，并有针对性地提出了对策。针对储能系统"缺乏价格竞争力"的问题，报告提出了包括新技术研发、减少经济和政策障碍、开发可用于储能设备设计、制造、创新和部署的分析工具等缓解手段；针对储能技术"缺乏性能和安全性认证"的问题，报告指出通过制定和推行测试认证标准、组建独立的测试认证机构、跟踪记录系统运行状态等措施，可有效开展储能技术可靠性和安全性认证；针对"缺乏合理监管"的问题，报告建议通过邀请公用事业单位和私营部门共同开展储能并网效益评估，探索具有技术中立性的储能并网相关服务的商业机制，制定业界和监管部门认可的储能系统选址、并网、采购和性能等一系列评估标准，建立公平合理的储能系统监管环境；针对"业界对储能应用缺乏信心"的状况，报告认为通过实际工程验证、试点示范，以及在储能并网中应用业界认可的设计和运行工具，帮助业界加深对储能技术的理解，提高业界认可度，推进储能并网部署。

最后，在此基础上，报告提出了美国未来储能系统战略发展路线图。

美国能源部下属的橡树岭国家实验室（Oak Ridge National Laboratory，ORNL）设计出一种全新的全固态锂硫电池，其能量密度约为目前电子设备中广泛使用的锂离子电池的4倍，且成本更低。相关研究成果发表在2013年6月出版的世界顶尖化学期刊《德国应用化学（国际版）》上。新型电池的固体电解质设计思路完全颠覆了已延续150～200年的应用电解液的固有电池概念，也解决了其他化学家一直担心的易燃问题。测试结果表明，新电池在60℃的温度下，经过300次充放电循环后，电容可以维持在1200mA·h/g，而传统锂离子电池的平均电容为140～170 mA·h/g。锂硫电池携带的电压为锂离子电池的50%，平均电容为锂离子电池的8倍，因此新电池的能量密度可达到传统锂离子电池的4倍。

2013年10月，美国能源部高级研究计划署宣布将资助美国国家可再生能源实验室开展"跨代电动汽车储能系统"研发，希望通过该项目提高电动汽车续航能力和可靠性，加速推动电动汽车的大规模应用部署。美国国家可再生能源实验室计划应用先进的电化学技术及有机合成材料，改进储能系统研究的结构和设计，降低电池成本。开发中的新型电池工作原理类似于液体电池，但将克服现有液体电池能量密度低、效率差、可靠性低等缺陷。

2013年11月，美国能源部下属劳伦斯伯克利实验室宣布成功研发出了新型锂硫电池。该电池理论比容量能达到目前锂铁电池的2倍，使用寿命可达1500次充放电循环，且寿命期内电池性能衰减降至最低，是目前已知的使用寿命最长的锂硫电池。锂硫电池因其比能高、成本低、使用安全、原材料无毒性等优势得到了业界的广泛关注，普遍认为锂硫电池有望取代锂铁电池，成为电动汽车的主要储能材料。

（2）可再生能源发电并网技术。

2013 年 6 月，美国能源部太平洋西北国家实验室和博纳维尔电力管理局的技术人员通过研究，提出利用地下深处天然的多孔岩区存储可再生能源发电能力的新方法，并在华盛顿州东部确定了两块示范场地。

研究人员通过对华盛顿州东南汉福德场区过去在进行天然气探测和研究中获得的数据开展分析，并将数据输入太平洋西北国家实验室的专业计算机模型中研究后确认，华盛顿州东部有两处极具前景的地点，一处是被称为哥伦比亚山丘场地，位于俄勒冈州博德曼以北、华盛顿州哥伦比亚河河畔；另一处为雅吉瓦矿物场地，位于华盛顿州西拉以北 10mile❶ 处的雅吉瓦峡谷地区。然而，研究小组认为这两个场地适合于两种截然不同的压缩空气储能途径。哥伦比亚山丘场地靠近天然气管道，因而适于使用常规压缩空气储能设备。这些常规压缩空气储能设备能够使用少量的天然气加热从地下存储释放的空气，热空气随后用于驱动汽轮机发电，其发电量超过普通天然气发电厂发电量的 2 倍。

（3）能源数据集成平台。

2013 年 6 月，美国国家可再生能源实验室（NREL）研发完成了用于大规模能源系统时序数据存储、整合和校准的开源数据系统（Energy DataBus）。该系统原为 NREL 自身园区数据处理设计，但也可满足从单个楼宇到大型军事基地、大学校园、居民小区、工业园区等任何机构的能源数据管理需求，其最重要的特点在于可存储、处理不同采集频率、不同格式、取自不同类型感应器、表计和控制网的能源数据，并将各种类型的数据集成整合列一个可扩展的数据库。

---

❶ mile，英里，1mile＝1609.344m。

NREL 沿袭其他产业处理负责数据问题的开源软件产品，开发了 Energy DataBus，支持 Cassandra 数据库和 PlayORM，可以整合各类数据，并能与时间序列、文字格式、数值数据等多种类型数据进行交互。

NREL 也完成了 Energy DataBus 配套工具的开发，包括收集使用 BACNet 协议的控制系统数据、通过 ModBus 协议收集电表数据、通过向气象站发出网络请求收集气象数据等。同时，通过灵活的网络应用程序界面，可以将上述系统整合为一，并通过工具自动筛选数据库中质量最高的数据。

（4）加强智能电网信息安全建设。

美国高度重视智能电网的信息安全，自 2010 年起，美国能源部已累计投入超过 1 亿美元用于网络安全研究，以及与大学、工业界和国家实验室合作研发等。2013 年 11 月，美国能源部宣布，将拨款3000 万美元资助开发信息安全工具，提高美国电网及油气基础设施抵御网络攻击的能力。美国能源部计划与 7 个州的能源部门及私营企业合作，通过开发新系统、架构和服务，提高能源系统抵御攻击的能力。

美国能源部主导的所有信息安全研究、应用部署等都需遵从《实现能源传输系统信息安全路线图》的相关规划，该路线图提出了未来10 年设计、建造、运营和维护一个能够在遭受网络攻击时依然能够维持关键功能的能源传输系统的战略框架。据此，美国能源部提出了此次计划的首批 11 个资助项目，主要包括由 ABB 公司开发支持变电站设备协同验证通信完整性的设备及应用系统；由美国电科院开发的支持公用事业企业集中管理远程设备参数，不受设备品牌和投运时间限制的体系架构。

（二）2013 年美国在智能电网技术标准方面的新进展

（1）美国智能电网技术标准制定组织形式及阶段性成果。

美国 2007 年颁布的《能源独立与安全法案》（EISA2007）赋予美国标准和技术研究院（National Institute of Standards and Technology，NIST）编制智能电网标准体系、推动智能电网标准化工作的职责。NIST 自 2008 年起开展了一系列的工作，如 2009 年制定了"三步走"发展计划和智能电网标准优先行动计划、2010 年 1 月发布了《NIST 智能电网互操作标准框架和路线图 1.0》最终稿等。此外，NIST 的一项重要工作就是于 2009 年底成立了智能电网互操作工作组（Smart Grid Interoperability Panel，SGIP）。SGIP 最初的成员仅限于美国国内，各电力公司、工业联盟、IT 公司、制造企业等都参与了 SGIP 的工作。随后，中国、韩国、加拿大、巴西、加拿大受邀派出代表加入 SGIP，韩国标准化组织、欧洲智能电网标准协调工作组（Smart Grid Coordination Group，SGCG）等与 SGIP 签订了合作协议，SGIP 逐渐发展成一个国际化的组织。截至 2012 年 11 月 9 日，SGIP 已拥有来自 22 类利益相关方的 782 个组织成员，其中国外组织成员超过 100 家。

三年来，SGIP 在智能电网标准化方面取得了显著成效。在美国国内，SGIP 已组织制定了一系列智能电网标准，建立了智能电网标准库，并得到了联邦监管委员会的肯定；在国际上，SGIP 提出的智能电网参考架构和所采用的系统化分析方法得到了全球的广泛认可，所推出的智能能源协议、自动需求响应技术规范等，虽然目前尚未正式成为国际标准，但由于这些标准已在全球性工业联盟内获得应用，为其成为国际标准提供了条件。

（2）2013 年美国颁布的智能电网新技术标准。

1）NIST 发布了更新的智能电网标准方案，对标准框架进行了补充。NIST 于 2013 年 10 月 22 日发布《智能电网网络安全框架》报告初稿，向社会公众开展为期 45 天的意见征询。报告初稿提供了确保网络安全的一致性措施，同时概述了为不同规模、部门量身定制信息安全方案的方法，为企业提供了定位和描述网络安全态势和发展目标的通用语言和机制。该框架的提出，有助于企业在风险管理中明确提升网络安全的有效途径和应优先考虑的措施，以及如何实施阶段性效果评估。

2013 年 10 月 25 日，NIST 对智能电网技术安装实施指南《NIST 跨机构报告（IR）7628（第一版）修订稿：智能电网网络安全指南》（Smart Grid Cybersecurity Guidelines，SGCG）公开征求意见。该项标准草案是 NIST IR 7628 在 2010 年 9 月公布首版以来第一次修订。修订后的 NIST IR 7628 仍分为三卷，第一卷为维护电网安全性的技术资料，包括参考架构和高层次安全要求；第二卷为隐私问题解决方案，将智能电网与其他网络系统进行对比，对其存在的潜在隐私问题进行探讨；第三卷包含该文档相关内容的分析和参考资料。

2）SGIP 智能电网标准不断更新。

NIST 智能电网互操作工作组理事会于 2013 年 6 月批准建立了一个新的优先行动计划——PAP 22，开发统一的电动汽车分电表计量要求。该计划旨在为公用事业企业、能源零售商以及其他能源服务提供商提供计量和管理电动汽车充电负荷的能力，并用经济易行的方式为用户电动汽车充电提高简单易懂的实时信息。

目前，单独的电动汽车用电量测量和计费都需要用户出资单独安装电力公司认可的专用电表，并与家用电表平行使用。安装专用表所需支付的费用较高，且需要用户额外为电动汽车充电开立一个专门账户，每月单独支付账单。使用分表则可以提供一种可行、经济、便捷的获取电动汽车充电信息及计费的方式。PAP 22 将开展分表性能要求研究，评估现有电表标准和监管规定，以制订分表标准开发计划，并制定一套国家统一标准，为电动汽车分表计费提供解决方案。工作组成员包括 NIST、公用事业委员会、EVSE 制造商、电表制造商、电力公司、系统集成商的代表等。

2013 年 11 月，终期研究报告《NIST IR 7761 智能电网应用无线通信标准评估导则（第二版）》获得通过。新版 NIST IR 7761 应用智能电网用户联盟开发的各类用例和场景，针对大量用户通信要求开展了全面而详尽的研究，并以表格的形式对 19 个用例、204 类有效负荷的 7850 项功能及非功能进行了梳理分析；研究了评估智能电网无线通信水平的主要性能指标，如接口、环境、覆盖范围等，研究结果适用于现有绝大多数通信环境和无线技术；提出了无线通信技术评估框架、主要工具和通用方法。

3）美国其他组织 2013 年制定的相关标准。

2013 年 9 月，美国西部电力事业企业领导小组（Western Electric Industry Leaders Group，WEIL）发起倡议，建议在美国西部为所有新建光伏发电设备加装"智能逆变器"，并尽快出台智能逆变器相关标准，以应对快速增长的光伏发电设备并网为电网带来的电压及频率问题，在提高清洁能源接纳能力的同时，确保电网安全稳定运行。

WEIL 提出的"智能逆变器"应具备通信能力、有功及无功支持、动态无功补偿、扩展频率启动点、低电压穿越，以及动作和恢复时间随机化等功能，并对各功能予以标准化。

与其他国家相比，美国普遍实行节能降压 CVR 项目，且各州规定的 CVR 电压各不相同，因而分布式 PV 系统的快速增长带来的电压稳定问题更为突出。WEIL 根据其成员（南加州爱迪生公司、亚利桑那电力公司、太平洋天然气和电力公司、Xcel 能源公司等）运营范围的各项相关数据，对运用智能逆变器缓和电压波动进行了数据仿真和实地测试。

在电压问题之外，WEIL 也提出了希望智能逆变器具备一定的"频率故障穿越"能力，且通过智能逆变器扩展频率启动点，并引入随机性，以避免接入统一配电线路的 PV 系统快速、同时动作，在电网出现暂时性频率故障时，进一步加大频率震动。

在成本方面，在第一阶段，为实现上述功能而对现有逆变器进行硬件升级预计成本增加约 10%，即在目前 0.5 美元/W 的基础上增加幅度不超过 10 美分/W。未来通过将新功能集成入日常的制造过程，将进一步降低智能逆变器成本。

美国国家电力设备制造企业联盟（NEMA）于 2013 年 7 月制定的《智能电网互操作性和一致性测试、认证方案运行导则》（SG‐IC 1 标准）获得美国国家标准研究院批准，成为美国国家标准。

SG‐IC 1 标准描述了在智能电网产品互操作和安全测试方案中四个主要参与方的角色和责任。该导则可保证测试过程的一致性和可移植性，并为整体测试流程确立核查和制衡的必要程序。通过该标准，智能电网利益相关方可在一个业内统一的平台上进行各类智能电网组件的互操作性和安全性测试，该标准的应用将通过测试、认证、管理、协调、反相兼容等各个方面加快智能电网的部署。参与标准编制工作的组织机构包括国际认可的测试认证机构，以及美国国内高度认可的测试实验室等。

### 1.1.4 投资建设重点进展

2013 年美国智能电网领域投资建设的重点成果主要展现为：

（1）成立了能源系统集成中心。

美国能源部（DOE）与美国国家可再生能源实验室于 2013 年 7 月在科罗拉多州高登市成立了其国内第一个专注于公用事业规模清洁

能源并网研究的研发中心（Energy Systems Integration Facility, ESIF），目前该中心已迎来首位企业合作伙伴——科罗拉多当地企业 Advanced Energy Industries，该企业将利用研发中心的并网研究设施，开展低成本、高性能的太阳能逆变器研发。

ESIF 坐落于 NREL 科罗拉多园区，占地面积 182 500ft²[1]，是美国首家可吸纳公共研究机构及私营部门开展清洁能源技术规模应用的研究机构。研究涉及从太阳能电池组件到风机、电动汽车、高效互动的智能家电等多个领域，并注重于研究和测试相关技术和设备规模化应用情况下与电网的互动。ESIF 将配备 15 个以上的实验室及数个户外测试平台，包括一个交互式的闭环实物仿真系统，可供研究人员和厂商在实际电网供电和负荷规模下开展产品研发及测试，同时配备一个千兆级的超级计算机用于大规模建模和仿真研究。ESIF 致力于解决发、输、配、用各个环节的技术挑战，为美国提供更为清洁、经济和安全的混合能源供应，包括新一代楼宇、微网、储能电池和大规模可再生能源方面的研究。

（2）加快推进电动汽车及相关基础设施的进程。

美国电动汽车发展迅速，2013 年电动汽车销量相对于 2011 年和 2012 年都有较大的增长。以加州为例，2013 年 1—6 月，加州电动汽车上牌量达到 15 500 辆，其中纯电动车超过 9700 辆。此外，美国整体的电动汽车基础设施发展相当迅速。美国电动车充电站数量在 2011—2012 年扩充了 10 倍。2011 年，美国充电站数量为 1972 个，并且基本集中在加州地区；到 2012 年 1 月，充电站数量达到 6310 个；到 2013 年 5 月，全美充电站数量达到 20 138 个。加州在全美各州中充电站数量建设名列前茅。

---

[1] ft²，平方英尺，1ft² = 0.092 903 04m²。

加州在电动汽车领域的快速发展离不开加州政府的政策支持。除制定政府补贴、税费减免等激励政策，积极推动电动汽车的销售外，加州政府同样在电动汽车充电基础设施建设方面制定了详细的目标，解决充电难的问题。值得注意的是，充电站建设允许私人资本进入，目前加州已经拥有数百家私人经营的充电站。此外，家庭式充电桩以及工作场所的充电设备发展同样非常迅速。2013 年 10 月，美国首个支持所有电动车型号的充电站在加利福尼亚州圣地亚哥投入使用，可为现有三个相关系统支持的电动车电池提供服务。充电站具有 SAE 和 CHAdeMO 两套直流电快速充电系统，可在 20min 内为电动汽车电池充满 80% 的电量。此外，充电站还适用于使用传统交流电的 J1772 二级电动车，但不能进行快速充电。CHAdeMO 标准的充电系统适用车型有尼桑 LEAF 和三菱 iMev；SAE 组合充电系统适用于奥迪、宝马、奔驰、福特、通用汽车、保时捷、雪佛兰和大众等型号的汽车。

美国政府目前支持了两大充电基础设施计划：ChargePoint 项目和 EV Project 项目。设备制造商库仑公司和 ECOtality 公司分别是这两个项目的承担方。2013 年 3 月，为方便民众为电动汽车充电，ChargePoint 项目与 ECOtality 展开充电网络合作业务，此前 Charge-Point 拥有 11 000 个充电点，ECOtality 拥有 4000 个充电点。在两家公司开展合作前，消费者必须加入其中之一成为会员，才能享受充电服务。基于两家公司的开源合作，消费者可以分享全国 15 000 个充电点的充电服务，几乎涵盖了美国全境约 90% 的公共充电设施。同时，ChargePoint 和 ECOtality 宣布成立的一家名为 Collaboratev 的新公司，两个网络将共享软件程序平台，以及彼此的充电、收费信息。

### 1.1.5　美国典型智能电网示范工程

作为美国能源部投资最大的两个智能电网项目——智能电网建设

项目（SGIG）和智能电网示范项目（SGDP），对美国智能电网的发展起着至关重要的作用。

SGIG项目获得了复苏法案中电网现代化部分最大份额的资金（34亿美元），再加上私营部门的44亿美元额外资金，总预算达78亿美元。利用这些资金投资的SGIG项目包括先进输电和配电系统、先进测量系统、用户系统等类别，共计99个。SGIG主要包括输电系统工程、配电系统工程、高级测量体系和用户服务工程三个领域。输电系统工程主要集中在同步相量技术、通信技术、基础设施、测量设备等方面，通过相关监测技术在广泛区域内的应用，提升大规模输电的可靠性。配电系统工程主要涉及改善配电系统操作的相关技术和系统，包括现场设备的故障管理（如自动馈线开关）和现场设备自动化控制（如电压调节器、电压传感器等）等。高级测量体系工程主要涉及智能电表的安装及接收、存储和处理数据的后台管理系统等；用户服务工程主要涉及推广能为客户更好理解和管理电力消费的相关技术和系统。

SGDP项目由美国能源部挑选，并提供该项目成本的50%作为财政援助。SGDP项目包含两类智能电网项目，一类是区域性示范应用，主要包括验证智能电网相关项目的可行性、成本/收益分析，验证智能电网相关技术规模化应用的商业模式等；另一类是能源储存技术，如电池技术、飞轮技术、压缩空气储能系统、负荷转移技术、频率调节服务技术、分布式应用技术及可再生能源（如风能和太阳能）电网集成技术等。目前，SGDP项目主要有32个子项目，其中区域性示范项目16项、能源储存示范项目16项，总预算16亿美元。

以下介绍SGIG和SGDP中在用户数量、功能设计、投资规模等方面具有代表性的三个项目，其中休斯敦电力公司智能电网项目隶属于SGIG项目，美国电力公司俄亥俄州智能电网示范项目和太平洋西北地区智能电网示范项目隶属于 SGDP 项目。

（一）休斯敦电力公司智能电网项目

休斯敦电力公司智能电网项目是 SGIG 中配电网领域的代表性项目之一，其承担者是休斯敦电力公司（CenterPoint Energy）。项目位于得克萨斯州，总预算为 6.39 亿美元，其中联邦政府承担 2 亿美元。项目主要包括约 224 万只智能电表的安装，以及 230 条线路的配电网自动化系统升级（包含配电管理系统、SCADA、通信网络、设备状态检测、约 200 个智能继电器等）。

休斯敦电力公司智能电网项目期望通过升级配电网自动化系统，减少电网停电次数、缩短停电后供电恢复时间。该项目的 AMI 系统集成了配电网管理系统和由光纤、以太网、微波等组成的多层通信系统。配电网管理系统利用传感数据监测和分析配电网健康状况，并在电网异常状态下为运维人员提供相关参考信息。通过安装馈线自动开关等措施，休斯敦电力公司智能电网项目提高线路的自动化水平，并且将馈线自动化设备集成到配电网管理系统中，结合 SCADA、智能电表及其他配网设备实现故障定位、隔离和供电恢复。总体看来，休斯敦电力公司智能电网项目的目标包括自动抄表、降低车辆使用、能效管理，以及提高配电网的效率和可靠性。

（二）美国电力公司俄亥俄州智能电网示范项目

美国电力公司俄亥俄州智能电网示范项目总投资 83 亿美元，于 2009 年正式启动。项目通过应用多种新技术加强俄亥俄州电力基础设施，包括先进的 AMI 技术（双向通信）、配电网重构技术（配电网自动化）、电压/无功最优化控制技术（电压控制及最优化），以及用户项目（加强互动化）。美国电力公司俄亥俄州智能电网示范项目的主要目标包括：

（1）在俄亥俄州东北部建立一个安全、可交互操作的智能电网基础设施，展示最大化的配电系统效率和可靠性；通过用户需求响应，减少能源消耗和负荷尖峰。

（2）积极创新商业模式。保存用户相关信息用于后续评估相关技术和商业模式的效果，并在全国范围内推广。

通过近五年的建设，美国电力公司俄亥俄州智能电网示范项目的收益可从用户和电力公司两个层面总结如下：

（1）用户侧。增强了客户服务和满意度（如提供更快的服务、减少不准确账单等）；增强了用户参与度，如接受实时用电信息、管理用电并减少电费、通过自动化装置减少停电时间等。

（2）电力公司侧。提高了顾客满意度；提高了员工安全性；提高了系统稳定性；通过减少抄表费用等措施降低运营成本；识别潜在风险，积极主动维护并修理。

（三）太平洋西北地区智能电网示范项目

太平洋西北地区智能电网示范项目涉及美国五个州的 6 万用户，包括博纳维尔电力管理局（Bonneville Power Authority，BPA）、11 个电力公司、6 个技术合作伙伴，以及华盛顿大学等多个高校。项目预算 1.78 亿美元，美国能源部和项目参与者各占投资额的 50%。

美国能源部期望通过太平洋西北地区智能电网示范项目能够实现如下目标：

（1）开发通信和控制设施，并实现互动化。

（2）量化智能电网成本与效益。

（3）推进互操作性和通信安全性相关标准制定。

（4）促进风能和其他可再生能源并网。

2013 年，太平洋西北地区智能电网示范项目取得了显著进展。一是开发和测试了一个新的交互控制技术。该交互控制技术是一个分散式系统，其通过传送有关当前电力系统和期望电力系统的信号，使电力用户的消费和电能生产能相互匹配以减轻电网的压力。通过该技术，用户可从主动调整电能消费中获益，同时提高电力系统的效率和可靠性，从而减少电网公司的运营成本。交互控制技术的作用还在于可减少火电厂投建、减少碳排放量、削减用电高峰，以及提高风电、太阳能等间歇性可再生资源并网能力。二是"塞勒姆智能电力中心"投入使用。作为一个创新示范基地，该中心位于俄勒冈州的塞勒姆市，占地 8000ft$^2$。该中心通过大型储能装置等设备建起了一个包括约 500 家企业和住宅的微电网。通过该中心，可对储能、需求响应、可再生能源并网、交互控制等多个领域进行深入研究。

太平洋西北地区智能电网示范项目的经验包括以下几个方面：

（1）在公众沟通方面，没有通用的沟通方式使公众能理解智能电网项目的目标、意义等。能够与公众成功沟通取决于地理位置、用户群体及电力公司等多个因素，同时是否对用户充分了解对沟通具有重要作用。

（2）在制定标准方面，互操作性是开发高效益系统和平台的关键。交互控制技术的开发以及提高相关技术的互操作性是太平洋西北地区智能电网示范项目的重点。

（3）在信息方面，智能电网拥有大量信息，如何在提高数据透明性和可获取性的同时，保证信息的私密性和安全性是智能电网发展需解决的重要问题。

## 1.2 欧洲

欧盟的"泛欧电网"和统一电力市场计划，受到多种因素的制约，特别是各国政府政策方针的不同，难以全面统筹。目前各国执行相关法案的方式和效果各异，为深化欧洲智能电网的市场机制，需要进行多方协调，共同分担风险、共享红利。欧洲智能电网在 2013 年针对系统互操作性加大了投入，从分布式电源到用户的需求响应，结合智能电表和辅助服务，努力将各国、各利益相关方的能源系统融合构建成统一的能源生态系统，提高能源利用效率，降低能耗，减少污染物排放。

2013 年基于欧盟电网计划（European Electricity Grid Initiative，EEGI）的第一版和新版路线图，欧洲智能电网发展稳步前进，通过坚强的网架结构支撑大规模可再生能源的消纳。增强储能技术开发是欧洲 2013 年智能电网投资重点，特别是西欧国家正努力将储能系统从研究试点向预商业化推进。2013 年欧盟在大力支持新能源开发的同时，开始考虑配套市场机制建设，推动可再生能源的经济可靠利用，提高企业投资积极性，改变消费者用能态度，并通过技术创新降低成本。

### 1.2.1 研究与建设阶段性总结

继 2011 年发布《欧洲智能电网项目：经验教训和当前发展》报告之后，欧盟委员会于 2013 年 4 月又发布了该报告的更新版。报告调查统计了 2012 年欧盟 27 个成员国及克罗地亚、瑞士和挪威共 30 个国家在智能电网领域（包括智能电表）的主要研发创新活动及资金投入现状。新版报告特别侧重于智能电网的研究、开发和示范项目。

2012 年，上述 30 国投入智能电网研发创新活动的总投资达到 18 亿欧元，共资助了 281 项智能电网相关研发创新项目。其中，2000 万欧元以上的研发项目占总研发项目的比例，已从 2006 年的 27％上升到 2012 年的 61％。

英国、德国、法国和意大利是欧盟智能电网技术应用开发示范项目的四大主要投资国，而丹麦则是欧盟智能电网技术研发创新活动最活跃的国家。欧盟第七研发框架计划及欧盟层面的创新基金资助了 95％的多国参与及紧密合作研发项目，加上成员国及机构的公共财政投入，共占总研发投入的 55%，其余的 45% 来自私人企业和社会投资。公共事业和能源企业是智能电网研发创新项目的最主要参与方，其次分别为大学与科研机构、设备制造企业、信息通信技术企业和电力系统运营商。

研发创新活动主要围绕智能电网技术的应用开发，研发投入的优先顺序分别如下：

（1）改进监测的控制系统、如智能电表、能源采集和能源储存、实时的能源需求检测、用户消费数据处理技术开发等；

（2）电力系统及电网的可控性，如电网的频率及功率流控制等；

（3）风力发电场、光伏发电场和热电联产等新能源的接入，灵活的需求方与供应方平衡技术等；

（4）电动汽车充电基础设施网络建设及电网接入；

（5）智能型大型储存能源设施设计及辅助能源资源的开发。

智能电网项目推进的主要障碍是缺乏互操作性和标准、监管障碍，以及消费者的消极态度。

2013 年 5 月，欧盟电网计划（EEGI）发布了《2014 年智能电网项目前景》报告，联合研究中心 2013—2014 年的智能电网数据库包含 459 个智能电网研发和部署项目演示，瑞士和挪威也在统计之列。2014 年欧盟成员国智能电网项目发展情况如表 1-2 所示。

表 1-2    2014 年欧盟成员国智能电网项目发展情况

| 数量 | 预算 | 组织 | 执行地点 |
| --- | --- | --- | --- |
| 共计 459 个项目（涉及 47 个国家） | 共计：31.5 亿欧元 | 共计：1670 个组织 | 共计 578 个执行地点 |
| 422 个有预算信息 | 平均每个项目：750 万欧元 | 2900 个参与者 | 分布在 33 个国家 |
| 287 个本国项目 | 221 个在研项目：20 亿欧元 | 700 个组织参与的项目多于一个 | 平均每个项目涉及 3 个执行地点 |

续表

| 数量 | 预算 | 组织 | 执行地点 |
|---|---|---|---|
| 172 个跨国项目 | 238 个完成项目：11.5 亿欧元 | 参与项目最多的公司：同时参与 45 个 | 拥有最多执行地点的国家：德国（77）、意大利（75） |
| 项目平均持续时间：33 个月 | 预算最多的国家：法国、英国 | 平均每个项目参与者：6 个 | 拥有最多执行地点的项目：拥有 30 个 |

智能电网项目预算一直在稳步增长，在过去 10 年 31.5 亿欧元的总投资中，一半的项目仍在进行。欧盟智能电网项目从分布情况来看，西欧地区的智能电网项目数量要远远多于东欧地区；从项目投资来看，西欧国家的项目预算总额占据了很大一部分。英国和法国是所有国家中预算总额最多的国家，同时也是每个项目平均预算最大的国家，项目的平均预算接近 500 万欧元。如果按照人均投资计算，丹麦是迄今为止人均投资最高的国家，达到每人 40 欧元左右。这个数字是排名第二的国家的 2 倍以上，排名第二的是斯洛文尼亚（17.6 欧元/人），接下来依次是芬兰（12.7 欧元/人）、瑞典（12.6 欧元/人）、比利时（11.9 欧元/人）、奥地利（10 欧元/人）。

继该报告发布后，2013 年 12 月，EEGI 又针对智能电网关键技术发布了《欧洲储能创新图谱》报告，首次对欧洲 14 个国家的储能研究、开发与示范项目进行了统计分析。

在过去 5 年里，这些国家公共投资和受到欧盟委员会直接资助的储能类项目总数达到 391 个，总投资额为 9.86 亿欧元。其中成员国层面的投资接近 8 亿欧元，欧盟委员会投资约 2 亿欧元。大部分经费投资于电化学储能（主要是电池）、电力转换天然气（power-to-gas）及蓄热技术。

从分析结果来看，储能领域大部分工作还处于研究阶段，部分达到了首次中试阶段，仅有非常少的项目推进到示范或预商业化阶段，需要进一步探索基于电网税费的融资机制和更大范围项目示范。

　　从项目数量来看，大部分项目位于配电环节或终端用户环节。发电和输电环节尽管项目数量较少，但开发和示范项目规模大，因此投资占比最大。从全球储能技术的安装规模来看，除抽水蓄能、压缩空气及储热技术之外，近年来的主流储能技术还包括钠硫电池、锂离子电池和铅蓄电池储能等。

　　该报告还分析了欧洲各个国家的储能项目情况，其中德国的储能项目数量最多，共计 192 个项目；英国的经费投入最多，达到了3.11 亿欧元左右。机械储能（包括压缩空气储能，但大部分是抽水蓄能）项目实施仅集中在少数国家，如挪威、奥地利和丹麦等；电力转换天然气和化学储能技术正在复苏，这一类型的研发活动集中在以德国为代表的西欧国家；南欧国家关注于电池技术。

### 1.2.2　战略规划调整情况

　　EEGI 路线图为欧洲互联电网技术创新指明了方向，第一版于2010 年 6 月获得欧盟和成员国批准。在 EEGI 路线图第一版的指导下，从 2007 年开始，截至 2013 年欧盟层面的电网研究项目投资达 4亿欧元，取得了一定的研究成果。随着欧盟 2020 年"20-20-20"目标和 2050 年"电力生产无碳化（$CO_2$ Free Electricity Production）"发展目标的确立，电力系统面临更大的压力。目前的技术创新步伐仍显缓慢，不能满足欧盟能源和环境挑战对电网提出的发展要求，需要对路线图进行修订，加大科研投资，加快技术创新的步伐。

　　欧盟于 2012 年底发布了新版 EEGI 路线图，将提高电网灵活性的新技术、新设备研究，以及如何将已取得的研究成果予以推广应用作为未来优先考虑的因素。新版路线图分析了为实现欧盟提出的能源和环境战略、欧盟电网正在发生的变化以及面临的挑战。

　　电网侧的变化主要包括以下几个方面：

（1）间歇性可再生能源的大量接入，不易调度电源占比增加，对电力系统的灵活性提出了更高的要求，需要发展智能电网提高系统的灵活性。传统电网中灵活源主要来自发电侧，不可控源主要来自用户侧。相比较而言，智能电网中，需求侧包含了更多的灵活源，而发电侧的不可控性增大。同时，电源距离负荷越来越远，输电系统的可控性和输电能力需进一步加强。由于输电公司和配电公司需要保证电网更加坚强、可靠，所以需集成应用诸如储能系统的新技术，满足双向潮流要求，其面临的电网规划和运行的优化问题也将变得更加复杂。

（2）调度运行和备用安排中需要考虑的灵活源更多、更复杂，包括常规机组、可再生能源、分布式能源、需求响应，储能系统等，需要与相应的测量、控制、监测手段相匹配，并需要有相符合的市场机制。

（3）第三方的出现。第三方的作用是管理小型的电力生产者和消费者，并代表其参与市场交易，需要更加灵活主动的配电网来满足本地发电和负荷的接入需求。

（4）电网控制分层次协调。整个电力系统的控制结构将越来越呈现分散协调性控制模式。运行部门需要与大型发电厂、第三方交互，第三方需要与小用户、分布式能源、主动负荷、分布式储能系统交互。

面临的主要挑战有以下几个方面：

（1）可再生能源发电将大规模集中接入输电网（特别是风电和光伏发电）。许多电厂远离负荷中心，需要对电网进行扩容。与之相对立的是，由于输电建设周期比电源长，电网发展滞后、投资不足，带来了电压无功调节能力不足、安全稳定水平不足等问题。此外，由于民众对架空线路的抵触心理，输电公司只能采用昂贵得多的技术，如电缆或高压直流输电，这些技术解决方案使欧洲电网的规划和运行变得日趋复杂。

（2）小型的屋顶光伏和大规模的风电场、光伏电站在电网中同时存在，取代了传统的化石燃料发电厂，改变了系统的辅助服务方式和结构，需要研究相应的措施。

（3）电力电子系统在发电系统的使用，如 PV 并网采用的全电子式逆变器和风电场并网采用的直流背靠背解决方案的采用，以及 FACTS 设备、直流输电和直流电网的应用，一方面增加了输配电系统中潮流的可控性，但另一方面也使整个欧洲电网的惯性变小，系统承受扰动的能力变弱。

（4）数量很少的大型机组和众多的小机组的结合，使电网的运行特性发生了改变。众多的分布式发电电源退出运行，同样会导致大的扰动，其结果同几台大型的核电站退出运行是一样的。为保证欧洲电网的安全，输电网和配电网的协调、合作成为必需。

（5）目前输电公司和配电公司之间几乎不存在信息共享，对配电系统状态和运行状况（如负荷水平、容量、电压特性）通常不进行监控。随着输电系统和配电系统物理连接变得紧密、运行过程的联系更加密切，需要实现输电公司和配电公司之间的实时通信和相互协调。

（6）RES 的并网和火电厂的减少，需要新的电力市场机制，支持服务提供商和用户参与电力系统运行。

新版 EEGI 提出的输配电网的重点研究领域和研究内容如图 1-3 和表 1-3～表 1-5 所示。

图 1-3　输配电网的重点研究领域

表 1-3 输电重点研究领域和研究内容

| 领域名称 | 研究目的（内容） |
|---|---|
| 大电网架构及电网规划 | 欧洲互联电网扩展方案规划 |
| | 未来欧洲互联电网的规划方法 |
| | 规划方案的实现（使公众能接受规划方案） |
| 电网新技术 | 增加电网灵活性的各种新技术研发和示范 |
| | 创新性电网架构的研究和示范 |
| | 大规模可再生能源集中并网技术研究和示范 |
| 电网运行 | 提高欧洲互联电网可观性和可控性的创新技术和新方法 |
| | 在线稳定裕度评估的新技术和新方法 |
| | 提高欧洲互联电网中区域电网级的协调能力的技术和方法 |
| | 欧洲互联电网可靠性评估新方法和新工具 |
| 市场设计 | 欧洲互联电网辅助服务和需求管理的市场工具 |
| | 发电方式安排和阻塞管理工具 |
| | 大规模可再生能源并网情况下保证系统充裕度和运行效率的市场设计及其相关工具 |
| 资产管理 | 电网资产寿命评估和最大化的方法 |
| | 基于定量成本/效益分析优化资产利用，延长设备寿命的方法和工具 |
| | 资产管理新方法欧盟层面的示范 |

表 1-4 配电重点研究领域和研究内容

| 领域名称 | 研究目的（内容） |
|---|---|
| 用户侧系统接入电网 | 用户侧系统灵活性的利用 |
| | 智能家居/用户侧能效 |
| 分布式能源并网及其新应用 | 小型分布式能源并入中低压配电网 |
| | 中型分布式能源并入高压配电网 |
| | 储能系统并网及其运行管理 |
| | 适应电动汽车接入电网的配电网架构 |

续表

| 领域名称 | 研究目的（内容） |
|---|---|
| 配电网运行 | 低压配电网监控 |
| | 中压配电网自动化和控制 |
| | 配电网管理工具 |
| | 智能电表数据管理 |
| 配电网规划和<br>资产管理 | 配电网规划新方法 |
| | 配电网资产管理 |
| 市场设计 | 市场设计分析的新方法 |

**表 1-5　　输配电联合重点研究领域和研究内容**

| 领域名称 | 研究目的（内容） |
|---|---|
| 输配电联合研究 | 输配电网协调管理和控制 |
| | 需求响应参与输配电网运行控制 |
| | 配电网提供的辅助服务 |
| | 输配电网安全防御和事故后快速恢复 |

根据 EEGI 新路线图，2022 年实现的主要目标为：

（1）改进输配电公司的电网规划方法。

（2）改进输电层面运行过程的在线分析和协调控制能力。包括对系统运行的不确定性给出实时描述，对安全风险进行预测，正确评估系统的安全稳定裕度，并与各种防御和校正控制措施相结合，提高系统的安全防御水平。

（3）一系列电力系统新技术获得示范应用。包括：提高整个系统的效率，降低线路损耗；提高对灵活源的控制，提高电网接纳可再生能源的能力；减少电网对环境的不利影响；提高对现有电网设备的利用率。

（4）使各种可调负荷和分布式能源大规模聚集后，发挥灵活源作用，参与电网运行控制。

（5）改进中低压配电网的自动化水平和监控水平。

（6）充分理解物理电网和市场机制的耦合效果，改进市场机制。

（7）与市场机制相符合的需求响应的实施。

依据 EEGI 第一版路线图，2008－2013 年每年投入资金为 700 万欧元，根据 EEGI 新版路线图，从 2014 年起资金投入将增加到每年 1.7 亿欧元。

依照欧盟委员会下属科研机构联合研究项目中心发布的 2013 年联合研究计划，2013 年在能源与交通领域新增 22 项联合研究项目，其中 5 项与新能源、智能电网密切相关：

（1）欧洲与非洲可再生能源监控与对比研究。该项目将建立欧洲及非洲可再生能源资源分布及储量对比数据库，跟踪两地可再生能源部署情况，并建立常态化合作研究机制。

（2）光伏研究。该项目将通过欧洲光伏太阳能测试机构下设的实验室对在欧洲部署的光伏设备及新技术开展运行效率评估，并建立光伏设备经济运行寿命数据模型。该评估将作为一项常态服务，在项目结束后继续由 ESTI 运行。此外，作为项目研究的一个重要部分，欧洲标准化组织 CENELEC 将与 IEC 开展深入合作，推进与光伏相关的国际标准的研究。

（3）能效管理。该项目将侧重研究楼宇能源管理（包括楼宇能效分析、零能耗楼宇、绿色楼宇等），以及 ICT 技术在能效管理中的应用，并支持欧洲"市长计划"和智慧城市建设。重点将研究如何促进能源供应、需求和服务的融合，例如在同时存在辅助服务、需求响应、分布式电源、智能电表时，如何将各个部分融合构建为一个能源生态系统，提高能源利用效率，降低能耗总量和污染。

（4）智能电力系统和互操作。该项目将针对欧洲现有电力系统与智能电网项目开展信息采集及分析，更新 JRC 欧洲电力系统数据库和模型，补充新兴智能电网研究及实践的新成果；在全欧洲开展智能电网项目运行评估和投资收益分析，为智能电网发展趋势研究和政策分析提供数据支持；建立能源安全参考研究中心，并扩建 JRC 智能电网仿真中心，开展能源安全的系统性和地缘性分析，并研究在融入新能源、ICT 技术、分布式能源与储能后，电动交通和智能电网在互操作、可靠性和安全性等方面面临的新挑战。

（5）电动汽车互操作性评估中心。该项目主要针对电动汽车相关新计量方法、测试程序和标准开展预研，以促进电动交通和智能电网的互操作，并为消费者和决策层在电动汽车性能、系统可用性和效率方面提供可靠信息。该项目计划新建 2 家、扩建 1 家电动汽车实验室，以测试电动汽车和混合动力车在不同环境条件下的能效和性能。此外，该项目会在推广全球电动汽车通用测试流程、国际合作、支持欧洲电动汽车标准化方面开展工作。

### 1.2.3　关键技术与重要标准进展

2013 年，德国在燃料电池方面取得的进展值得关注。12 月，德国弗劳恩霍夫应用研究促进会（欧洲最大的应用技术研究机构，拥有 2.2 万名员工，年度研究经费高达 19 亿欧元）旗下研究机构（Institute for Systems and Innovation Research，ISI）在 ABEC2013 论坛上介绍了德国用于汽车电动化和储能市场的动力电池的研发、政策和市场情况，并提出了储能市场/汽车电动化储能电池技术路线图。

在该路线图中，德国对应用于储能市场/汽车电动化的储能电池技术，最为看好的是锂硫电池。针对锂离子电池的发展，德国于 2010 年和 2011 年就已制定好技术和产业发展路线图，其中技术路线图包括电芯和组件、性能、技术领域三部分，产业路线图包括产品应用、产品需求、政策和市场三部分。在这个路线图的指引下，一些德国大企业〔如博世（Bosch）、大陆（Continental）、巴斯夫（BASF）、赢创（Evonik）等〕已经有所动作。

在这两者的基础上，德国政府在 2014 年正式对外推出推动锂离子电池进一步发展的全面路线图。2014 年，德国政府也将同时推出电动汽车能量存储全面路线图和变电站能量存储全面路线图。

以德国为代表的欧盟国家 2013 年在智能电网标准方面也取得了一定的进展。德国电气电子和信息技术委员会于 2010 年 3 月发布了《德国智能电网标准路线图 1.0 版》（The German Roadmap E-energy/Smart Grid）。2013 年 3 月，德国电气电子和信息技术委员会发布了路线图的 2.0 版。

路线图 1.0 版给出了智能电网的一些主要术语的定义；分析了智能电网的效益；对 IEC SG3、NIST、IEEE P2030 等标准的工作进展进行了介绍，重点对智能电网通信信息的安全和隐私、配电自动化、分布式发电和虚拟电厂、电动汽车、储能、需求响应、家庭自动化等技术领域的标准化工作提出了建议。路线图 2.0 版比较详细地介绍 IEC 和欧洲智能电网标准化协调组织的标准化工作进展，简略介绍了美国、日本、中国等国家的智能电网标准化工作，并对通信信息的安全和隐私、电动汽车等德国所关注的重点技术领域的标准需求和差距进行了分析，提出了下一步工作建议。

SMART EU 于 2013 年 7 月发布了《智能电网标准路线图》（Smart Grid Standardization Documentation Map）和《智能电网行业行动路线图》（Smart Grid Industry Initiatives Documentation Map），分别从核心国际标准委员会活动和行业标准性文本两个方向，全面总结了国际智能电网标准化活动。

《智能电网标准化文件地图》收录了国际和欧洲几乎所有重要的智能电网相关标准化组织的活动，包括 ISO/IEC、IEEE 和 CIGRE

等国际组织和德国 DKE、美国 NIST、ANSI、日本、韩国及中国的智能电网标准化活动。

《智能电网行业行动文件地图》报告主要收录了致力于开发开放的 ICT 标准和规范的智能电网相关行业行动，着重于分布式能源并网、电网控制、需求响应和智能电表，并以欧洲行业标准/规范为核心，但未涉及电动汽车、输电和网络服务领域，在家庭自动化协议方面也未全面覆盖。鉴于很多行业行动产生的标准/规范最终通过国际标准组织上升为国际标准，为避免重复，该报告主要关注那些正在开发的标准。

### 1.2.4 欧洲典型智能电网示范工程

（一）丹麦 EcoGrid 智能电网示范工程

丹麦 Bornholm 岛的 EcoGrid 智能电网示范项目归属于欧盟第七框架计划（FP7，2007—2013），由 11 个欧盟国家，20 多个合作单位（包括科研院所和电网公司等）共同参与完成，总预算 2100 万欧元。至 2013 年 5 月，EcoGrid 智能电网示范项目已完成设计阶段的全部工程，包括智能电表、智能控制器的设计安装，以及通信系统的安装调试等，后续工作主要是基于该试点深化相关科研项目研究。该工程并在 2014 年 5 月由国际智能电网行动网络（International Energy Agency Implementing Agreement for a Co-operative Programme on Smart Grids，ISGAN）和全球智能电网联盟（Global Smart Grid Federation，GSGF）组织的第一届全球领先和创新智能电网工程评选中获得优秀奖。

EcoGrid 智能电网示范项目被视为欧洲第一个智能电网原型项目。该项目旨在保障可再生能源特别是风电在高渗透率并网情况下电网安全可靠运行，为丹麦实现 2025 年风电所占比例达到 50% 的目标提供技术支撑。

该项目位于丹麦 Bornholm 岛，该岛常住人口约 41 000 人，最大/最小负荷为 55/16MW，通过 60kV 海缆经由瑞典与北欧电网相连，并隶属北欧电力市场。岛上主要电源包括 35MW 热电联产机组、34MW 柴油机组、25MW 燃油蒸汽发电机组。岛上清洁能源丰富，包括 30MW 风力发电机组、2MW 沼气发电机组，计划建成 5MW 光伏发电系统，具体如图 1-4 所示。由于 Bornholm 岛只有一条海底电缆与外部电网相连，当发生故障时需要超过六周的时间才可完成维修。同时，岛上风力资源较丰富，风力发电可达 30MW，超过小岛高峰负荷的一半，但风能的随机波动性大，会对电网带来冲击。为保障岛上居民的安全可靠供电，扩大对可再生能源的消纳能力，Eco-Grid 智能电网示范项目得以实施，并为丹麦的可再生能源并网研究提供价值参考。

图 1-4　丹麦 EcoGrid 智能电网示范工程

EcoGrid 的最主要目标是在可再生能源高渗透率的情况下，建立5 分钟级的实时电力市场，促进小容量分布式电源、终端用户与北欧电网之间的互动，降低电力市场准入门槛，提高需求响应速度，最终实现岛屿电力供需平衡与用户用电成本最低。目前全岛有 1900 个家庭用户和 100 家工/商业用户参与到该实时电力市场的实证中，其中1200 个家庭用户和 100 家商业用户安装了智能电网控制器，另外 500个家庭用户处于西门子丹麦子公司协调阶段，剩余参与用户只安装了智能电表。智能电网控制器可以接收基于北欧电力市场部分电价的连续数据，与指定的电器设施进行无线通信，并根据电流、天气和市场价格等因素来控制电器的运行工况。考虑电器设施的标准化接口问题，智能电网控制器目前主要控制用户的电加热系统和热泵。例如，Bornholm 岛上有 200 个左右的实验性瓶装饮料冷却器，均可通过智能电网控制器进行启停开断，以抑制受可再生能源功率波动带来的电网频率变动。

将电力市场与消纳可再生能源相结合，利用加热系统对电力市场价格的反应，通过发电量预测、智能电表、智能控制器、实时跟踪电机等手段，实现电力供需平衡和用户经济用电，最大化地消纳可再生能源。由于风力发电的快速变化，市场价格以分钟为单位调整，各家庭通过住宅内的智能电网控制器实时收集信息并做出判断，由控制器根据价格自动控制电器运转情况。

EcoGrid 智能电网示范工程实现了实时电价理念，在低电价时开启电加热器，在高电价时切断电热装置，从而达到动态需求侧响应。后续两年的工作重点将集中于实时电价设定、用户响应和可再生能源消纳这三者间的协调平衡，以达到增大可再生能源消纳、实现用户经济可靠用电的目的，这也是该智能电网示范工程的技术难点所在。对5 分钟电价变化情况、风电功率预测和环境信息进行综合设计分析，进而影响需求侧响应，达到电力平衡，保障可再生能源高渗透率并网下的电网安全可靠。

（二）荷兰 PowerMatching City 智能电网示范工程

PowerMatching City 智能电网示范工程位于荷兰 Groningen 市的 Hoogkerk 镇，基于 25 个相互关联的家庭用户（后续将逐步增加到 70 户家庭），开发智能电网在普通市场环境下运营的发展模式，将智能电网与居民实际生活紧密关联，包括室内同步优化、技术协调（配电网系统操作）和商业协调。基于 PowerMatching City 项目，协调机制得以延伸到这些同步优化管理中。

荷兰的一次能源以天然气为主，骨干网架相对稳定，工业、生活和非生活类用电比例均衡，用电负荷基本饱满，市场机制相对完善。荷兰的智能电网发展侧重于配电网升级改造、小规模分布式电源并网、电能与天然气等多种能源形式的协调管理。从 2012 年开始，荷兰政府进入全面开展智能电网试点工程阶段，并对 PowerMatching City 项目、海尔许霍瓦德阳光之城项目及莱瓦顿太阳能沼泽联合发电项目等 12 个试点工程进行政府补贴，总额达 1600 万欧元。

PowerMatching City 智能电网示范工程由荷兰能源顾问公司 DNV GL 主导，旨在让居民轻松分享电力资源而不影响生活的舒适度，通过一定的管理规则使不同家庭相连，并配备有热电联产技术系统、复合式热泵、智能电表、太阳能电池板、电动车充电站和智能家用电器，从而实现智能电网社区的构想。居民通过平板电脑可查看自己的能耗数据，各个试点测试可再生能源的消费需求。PowerMatching City 项目在每个家庭内部及家庭之间自动匹配供应和需求，测试并平衡各种各样的设备，包括智能家电、电动汽车、储能、需求响应、"混合"热泵、热电联产等，从而在用户侧实现光伏并网发电，洗衣机选择在夜间用电低谷工作。

PowerMatching City 智能电网示范项目针对小型智能社区建设计划于 2014 年结束，实现了智能社区中各用户间用电模式的优化协调。基于 PowerMatching City 项目中开发的智能管理技术，荷兰能源顾问公司下一阶段将专注于更大范围的智能电网工程研究，后续两年将深化开展 PowerMatching City to the People 智能电网示范项目，继续针对数百家电力用户进行智能管理，促进智能能量管理及辅助系统商业化，并吸引荷兰国内和国际相关组织机构积极参与。

## 1.3    日本

东日本大地震后，核电机组大量关闭，日本的电力供应受到了极大的压力。为了弥补核电机组关停带来的电力缺口，大量进口煤炭、石油和天然气等措施增加了日本国内发电成本，导致日本电价上涨。为了应对这些问题，2013 年日本紧紧围绕电力体制改革和能源战略调整，在新能源和智能电网技术研发等方面做了一系列积极的工作。

2013 年，日本参议院通过《电气事业法修正案》，明确了电力改革方案。该法案明确了新一轮电力改革分三个阶段实施：第一阶段（2015 年），成立广域系统运行协调机构，负责协调全国各个电力公司调度机构运营；第二阶段（2016 年），全面放开零售市场；第三阶段（2018—2020 年），确保电网环节的中立性，全面放开市场价格管制。日本电力改革方案的目标是实现电力安全稳定供应、最大限度地降低电价、扩大用户选择权和增加商业机会。总体思路是在保持输配电一体化的基础下，在发电侧和售电侧充分引入竞争，确保电网环节的公平开放；全面放开售电市场，允许用户自由选择售电商；强化全国范围内的电力调度能力。

2013 年，日本政府通过了《能源基本计划》草案，确立了未来的能源发展战略。草案将核电定位为"保障日本能源稳定供应的重要基础能源",并决定重启核电。日本原子能规制委员会已决定开始审查九州电力公司川内核电站的 1、2 号机组,为重启做评估。同时,草案还提出,光伏、风能和可燃冰等新能源将作为日本未来的能源发展重点,将加大投资力度和技术研发力度,逐步提高新能源的占比。

2013 年,日本政府加大在储能、超导和电动汽车等智能电网技术方面的研究和开发。储能方面,日立 Maxell 发布了最新的电池断面实时观察技术,可以将锂电池充放电状态可视化,延长电池寿命。日本已正式启动以氨为燃料的新型燃料电池的开发。超导技术方面,日本新能源产业技术综合开发机构与古河电器工业等研究团队已研制出世界最高水准超导电缆,可承受以往超导电缆约 2 倍的高电压。日本继续在 4 个智慧城市项目示范地区推进包括电动汽车、需求响应和智能家居在内的智能电网技术的实验实证。

### 1.3.1 战略与规划调整情况

2013 年 1 月,日本经济产业省决定设立全国统一的电力调配机构,并将此决定纳入电力事业改革方案,提交国会审查。以改革当前的电力制度,实现电力的大范围跨区域输送为目的,日本将设立一个全国统一的电力调配机构。同时,设立该机构也可促进新成员加入,加大各大电力公司间的竞争力度,从而降低电价。

为配合日本经济产业省的决定,东京电力公司和中部电力公司宣布,为了加强发电频率不同的日本东西电网的互供能力(东日本的发电频率为 50Hz,西日本为 60 Hz),将对连接东西电网的变电站进行扩容。到 2020 年,变电能力将从现在的 90MW 增强到 210MW。变电能力扩大 2 倍后,不仅可以对电力资源进行调配,而且能在发生大灾害时实现电力的稳定供给。为此,日本 8 家电力公司宣布,从 2013 年 3 月起提高电价,除了应对燃料价格上涨的成本压力外,也是为改造电网提供资金。

此后，日本经济产业省又于 2013 年 3 月设立了"控制系统安全中心"。该中心能够进行火力发电站、智能电网（电力广域控制）、污水处理厂、大厦控制系统、部件组装工厂、天然气设备及化学设备七种演习。演习内容具体包括操作终端受到网络攻击、发电站内各种装置的计算机程序遭受改写等。运用者可通过演习模拟和确认，如果遭遇到上述情况，能否根据公司内部制定的紧急应对指南进行操作。日本经济产业省设立"操作系统安全中心"的目的，一方面是使电力设施提升应对网络攻击的能力，另一方面是使向海外出口产品符合相关国际安全标准，推动日本基础设施出口水平。

### 1.3.2　政策措施颁布情况

在由日本内阁会议通过的《电力系统改革方针》的基础上，修订后的《电力事业法》于 2013 年 11 月获得议会通过，日本将于 2015 年开启电力行业改革。修订的法案旨在降低电价、大力发展可再生能源、破除垄断。

日本电力行业改革计划由三个阶段组成。第一阶段的主要目标是在 2015 年设立国家级电网调配协调与监管机构，合并不同的区域电网。该机构将被授权统筹全国各州电力公司的电力输送，通过调度保证各地的用电安全。改革强调跨地区输电的可操作性，确保不再出现福岛地震时发生的电力短缺情况。改革的第二阶段和第三阶段力图建立售电自由竞争的环境，并削弱各州主要电力公司的发电和输配电职能。

在超过半个世纪的时间里，日本的 10 个地区电力公司垄断了全国电力市场，将发电、输配电和零售电业务掌握在自己的经营区域范围内，当地用电企业和居民无法自由选择供电公司，全国电力未得到有效的调配和利用。目前，日本 98％的电力供应来自于这些大型电力企业。然而，这些电力公司都陆续陷入了进口燃油导致成本激增的窘境，致使日本电价居高不下（相当于美国电价的 2 倍）。随着改革计划的实施，日本家庭将拥有选择电力供应商的权利，可再生能源发电也将更有效地并网消纳。日本电力行业将出现更多的电力供应商，在改革后的体系中提升整体行业竞争力水平。

日本此次进行电力改革的决定遭到了强烈的反对，地方电力公司和反对团体曾经努力尝试使改革立法夭折。由于福岛地震和引发的核事故，地方电力公司失去了公众的支持，组建一个国家级电网调配协调与监管机构的计划最终在议会获得通过。然而尽管改革已经有了明确的时间安排，但此次改革能否成功拉低民用和商用电价还有待时间考证。可以确定的是，可再生能源供应商将在日本电力市场获得更多份额，各地电力公司必将面临来自新能源供应商的冲击和供应压力。另外，改革的反对者们是否在改革推进过程中进行干扰，也将成为改革能否获得预期目标的关键所在。

### 1.3.3 关键技术进展

2013 年，日本在智能电网领域的新技术成果主要体现在超导、电池、新能源开发、储能等方面。

2013 年 1 月，日本新能源产业技术综合开发机构与古河电器工业等研究团队研制的超导电缆可承受以往超导电缆约 2 倍的高电压。该研究团队对绝缘导体进行改良，开发出可输送以往超导电缆约 2 倍（275kV）的高压电，使用该新型电缆输电损失将低于普通铜线电缆的 1/4。该研究团队认为随着亚洲新兴国家用电量的增加，该超导电缆可在 2020 年应用在亚洲新兴国家和日本国内城市。

2013 年 3 月，日立 Maxell 发布最新的电池断面实时观察技术，将锂电池充放电状态可视化，并进一步借以研发出质量更轻、能源密度提升、寿命更长的锂离子电池。

电池断面实时观察技术能实时确认锂离子反应偏移与不均衡分布

的现象，并可加以量化，对于研发高稳定性、长寿命的电极结构有很大的帮助。该研发团队利用此技术抑制锂金属在充放电循环反应中产生树枝状晶成长的现象，可大幅降低其刺穿电解质层造成电池短路与爆炸的概率。

另外，该社也与母公司日立共同研发了能瞬间暂停锂离子与锂、镍、锰、钴氧化物之间的化学反应，并持续维持此状态的技术，搭配上述实时观察技术，就能仔细观察电池正极剖面的锂离子反应与分布图，有助于电池内锂离子均衡流动与分布。

应用新技术制作的样品与现有相同容量的锂离子电池相比，可将每单位能源密度质量减轻 40%、每单位体积能源密度提升 1.6 倍，并延长电池寿命至少 10 年以上，5000 次充放电后还能维持 200W·h/L 的能源密度。日立 Maxell 未来规划将此技术应用于家庭能源管理系统（Home Energy Management System，HEMS）中，提供寿命较长、能源稳定性较高的锂离子电池产品。

日本经济产业省为确保国产天然气供应，摆脱对海外能源的依赖，于 2013 年夏季开始在日本近海展开可燃冰储藏情况调查。

目前，日本海一侧的勘探结果显示可燃冰主要分布在数米或数十米的海底，其富含天然气主要成分甲烷。2012 年明治大学已在网走、秋田、山形等海面成功获得可燃冰样品，因此推测在更广泛的海域内储藏有该资源。日本政府决定自 2013 年夏季开始利用三年的时间在北自北海道、南到岛根县沿岸区域内对 5~6 处重点区域展开更广泛的勘探。这种表层性可燃冰曾于 2003 年在日本海的上越海域被发现过，因经济价值不明朗，日本政府未推进相关调查和研究。东日本大地震后，停核电上火电的呼声愈演愈烈，液化天然气进口连续两年创历史最高纪录，也使 2012 年日本创下历史最高贸易赤字纪录。为此，日本政府决定重新对可燃冰的储藏和开采的可行性进行调查。

目前已探明储藏的区域主要是太平洋一侧的渥美半岛、志摩半岛海域。石油天然气金属矿物机构与产业综合研究所正着手该区域内被称为"沙层型可燃冰"的生产。进展若顺利的话,这将是世界首次采自海底的可燃冰。该区域附近的狭长海域内已探明藏有相当于日本2011年全年天然气进口量的可燃冰。日本海佐渡岛西南海面下的试开采也已开始。地方政府对此怀有较高期待,日本海一侧的1府9县已成立"海洋能源资源开发促进日本联合",期望未来在日本海一侧开采石油和天然气会带动沿岸府县的经济发展。

2013年12月,日本日立公司成功研发出一体化、便携式集装箱型储能系统,并于2014年初在北美开展试点试验。该系统为1MW级锂铁电池,融合了日立公司在变电站、电网自动化控制和锂铁电池设计制造三方面的先进技术和丰富经验。在设计中重点考虑了储能系统的便携性和耐久性,将主要配合分布式可再生能源系统使用,一方面通过储能降低可再生能源间歇性、波动性的不利影响,另一方面提高分布式电源参与辅助服务市场交易的能力。

日立公司希望通过2014年在北美的试点工程对储能系统在容量、持久性和算法方面的改进和优化,开展初步的商业运营测试,以评估其计划于2015年推出的CrystEna(Crystal + Energy)系统是否具有技术和商业可行性。

日立公司将输配电系统作为其电力部门的核心业务之一,重点在集成设备、控制系统、ICT技术和电力电子技术方面开展技术研发和商业模式拓展。图1-5为日立公司对CrystEna系统的设计理念。

### 1.3.4 投资建设进展

2013年日本的智能电网建设呈现出跨界、多元化的发展势态。

以软银公司为首的非电力企业纷纷涉足可再生能源发电领域。软

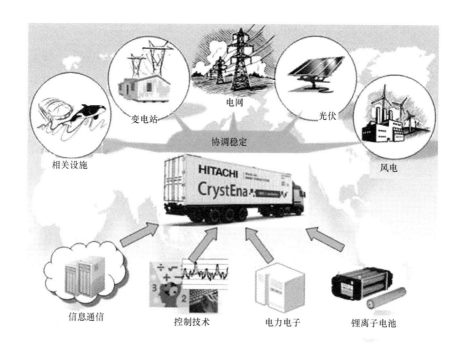

相关设施　变电站　电网　光伏　风电

协调稳定

HITACHI CrystEna

信息通信　控制技术　电力电子　锂离子电池

图 1-5　CrystEna 系统设计理念

银公司已公布的可再生能源发电站建设项目在日本已达 11 个，包括在北海道兴建迄今日本规模最大的太阳能发电站；至 2013 年 8 月，软银集团旗下已有 5 个可再生能源发电站正在运行，日本电信电话公司计划 3 年内投入 150 亿日元，兴建约 20 个大型太阳能发电站。大阪煤气公司计划在 3 个地方建设总发电能力为 3500kW 的太阳能发电站。

2013 年 12 月，日本东芝公司宣布与德国最大的房地产公司 GAGFAH 公司开展合作，在德国投建第一套具备就地消纳业务模式的楼宇光伏系统。

东芝公司此次提出的就地消纳模式为解决德国电价上涨相关问题提供了新思路。该业务将由数家基金组织资助，由东芝欧洲公司运营，在运营地区一定程度上扮演了地区电力公司的角色。收购电力公

司的光伏发电，不受固定入网价格限制，以低于电力公司费率的价格
向用户出售；在光伏供电不足时，东芝欧洲公司向批发市场购电，但
用户仍可享受光伏电价购电。东芝欧洲公司具体运营方式如图1-6
所示。

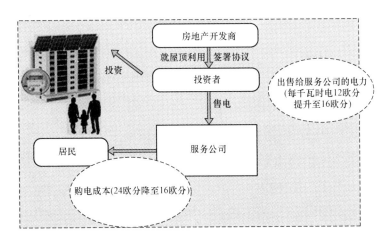

图1-6　东芝欧洲公司运营方式示意

东芝公司一期将建造3MW光伏系统，为750个公寓提供服务，
2016年提高至100MW，并计划安装固定储能电池、建设微网能量管
理系统，最终建成以光伏承担基础负荷、实现就地消纳和可靠供电、
支持实时能源管理的自持型光伏发展模式。

### 1.3.5　日本典型智能电网示范工程

日本经济产业省从2010年开始，以五年计划推进"新一代能源
及社会体系实证事业"。在横滨市、丰田市、京阪奈学研都市和北九
州市四个地区分别开展了智能电网示范工程实验和建设，见表1-6。
工程由日本中央政府主导并部分出资，地方政府和相关企业广泛合作
参与。2010年工程总投资约100亿日元，其中国家预算投资40亿日
元。每个示范工程的主体功能各有不同，主要根据各个城市自身定位
和特点来进行功能设计。

表 1-6 日本智能电网四大示范工程概况

| 实验城市和特点 | 参加单位 | 实 验 内 容 |
|---|---|---|
| 横滨市<br>（大城市，大规模型） | 横滨市、Accenture、日产、东芝、明电舍、Panasonic、东京电力、东京煤气 | （1）首先对 20 户进行智能住宅化；<br>（2）开展蓄电池控制技术和考虑电动汽车的地区能源、管理系统的实验验证；<br>（3）今后，将规模扩大到 2 万 kW 的太阳能发电，4000 户的智能住宅，以及 2000 台的 EV |
| 丰田市<br>（地方城市，生活密切性型） | 丰田市、丰田汽车、Denson、夏普、中部电力、东邦煤气、富士通、东芝、KDDI、三菱重工、罗森、丰田住宅、三菱商事 | 对 150 户新建住宅安装诸如太阳电池板、热泵、燃料电池、蓄电池等 |
| 学研都市<br>（文化学术城，新技术型） | 京都府、关西文化学术研究都市推进机构、京都大学、关西电力、大阪煤气 | （1）以业务楼房、大学、住宅 900 户为对象；<br>（2）安装能对家电进行控制的智能旋塞（Smart Tap），根据电力使用量进行节省能源的控制，对节省下的能源记上 ECO Point 给予激励 |
| 北九州市<br>（产业城市，特区型） | 北九州市、新日铁、富士电机系统、GE、日本 IBM | （1）规模为住宅 200 户，店铺 4 家，学校 4 所等；<br>（2）区域内所有的建筑物安装智能仪表（70 家企业，200 户住宅）；<br>（3）根据需求变化设定变动电费制 |

日本智能电网项目开始实施以来，受到了世界的广泛关注。近期在国际智能电网行动组织举办的卓越贡献奖评选中，北九州项目获提名奖。

（一）项目概要

通过对区域能源管理的未来形态的规划，以及对"生活方式""经营方式"和本市"城市建设"方式的改革，构建低碳社会的未来社会体系。通过管理结点"区域节电所"的建设和运行，形成市民和企事业单位共同思考、共同参与能源输送过程的社会结构。其中，能源使用的可视化对生活方式和经营方式的变革起到推动促进作用，同时项目致力于新一代汽车大规模普及的准备工作，以及与公共交通部门的相互协调。

（二）项目投资

由中央政府、地方政府和相关参与企业共同出资建设。其中，北九州市政府，2010 年共投资 1 亿日元，2011 年投资 7.2 亿日元，2012 年投资 5.6 亿日元。

（三）项目实施方案

北九州市八幡东区东田地区，通过环境设施的完善及各种新能源的利用，已经实现比一般街区低 30％的二氧化碳排放量。在该次实验验证中，通过强化新能源利用和完善区域能源管理、交通系统，以期进一步减排二氧化碳 20％，实现比市内一般街区减排 50％以上。为此，采取以下五项措施：

（1）将太阳能发电、燃料电池、小型风力发电等新能源的导入率提高 10％以上。

（2）开发与区域能源管理联动的家庭能源管理系统与建筑能源管理系统，提高普通家庭与各种楼宇的节能效果。

（3）综合运用先进的能源调控、电动汽车、蓄电池等，完善"区域节电所"，实现能源输送的整体优化。

（4）在完善电动汽车等大规模普及所需充电设施的同时，构建自行车与公共交通部门相互协调的新一代交通体系。

（5）通过"亚洲低碳中心"，将在实证中所取得的新技术、新系统及商业模式等成果，向亚洲等海外进行推广。

（四）项目进展

根据日本经济产业省公布的北九州项目路线图，该项目将在2013年和2014年基本完成所有的实际实验验证，2015年完成最后的验收工作，近期取得的主要进展和成果如下。

（1）实现了太阳能发电逆流电力和剩余电力的优化管理。

低碳社会的实现方法之一就是太阳能发电等可再生能源的大量导入。北九州智能社区创造事业的计划是将太阳能发电等可再生能源的导入率提高到区域用电总量的10%。然而，由于可再生能源的发电量受到天气等自然环境的影响，所以在大量导入时面临许多需要解决的课题。例如，当增加发电量时会产生电力逆向流动，有大量的电力"逆流"到配电网，造成系统电网电压不稳定，在电力需求较少的黄金周假期等，会有电力剩余，需要找出充分利用"剩余电力"的对策。作为解决配电网电压不稳定的对策，安川电机公司通过对多个功率调节系统的集中管理以抑制电压上升。功率调节系统通常安装于太阳能发电系统的各处，根据监测情况防止电压上升，所以就会发生由于设置地点不同，有的地点能够发电，有的地点不能够发电。通过可编程控制器对功率调节系统集中管理，实现了配电网中分散电源的整体优化。

而作为充分利用剩余电力的对策，岩谷产业的实证是通过氢和燃料电池进行蓄电。通过与区域能量管理系统联动，区域内发生电力剩余时，将电力转换成氢进行储存，而在需求增加时则启动燃料电池进行供电。

（2）实现电动汽车充电服务价格的浮动。

在位于东田第一高炉旧址附近的服务站"Dr. Drive 自助八幡东

田店"的一角，设置了以电动汽车为对象的快速充电系统。该快速充电系统正在进行根据区域能源管理系统依据区域内电力需求发出的动态定价信息，对充电服务价格进行浮动的实验。在该实验中，以参加实验的 9 台电动汽车为对象，通过在动态定价指令时将充电服务价格最高提高到平时的 7 倍以推动消费行为的变革。在区域内电价较低时，以便宜的充电服务价格吸引消费者前来服务站，而在电价较高时则提高服务价格以抑制充电需求。

为了与区域能量管理系统互动对充电服务价格进行浮动，吉坤日矿日石能源公司开发了一种被称作"JX EMS"的全新系统。该系统可以根据区域能量管理系统的电价信息和区域能源供求相关信息，改变充电服务价格。JX EMS 同时还对服务站的蓄电池的充放电进行控制。基本来说，就是在区域内电价较低时对蓄电池进行充电，在较高时对蓄电池进行放电。其特点是在控制时对快速充电器的使用状况也加以充分考虑。因为电动汽车和蓄电池的同时充电有可能会推高区域内的负荷峰值。

（3）安装家庭能量管理系统，利用直流供电促进住宅节电。

从 2013 年 4 月开始在该地区以设有太阳能发电设备的 14 户独立住宅为对象，进行家庭能量管理系统实验验证。智能电表可及时提供更加详细的信息，家庭能量管理系统通过对传感器信息和动态电价等信息的分析，可对空调温度自动调节，并控制部分家用电器通断电，自动制定节能策略。家庭能量管理系统还对各户中设置的蓄电池的充放电进行控制。预测次日的用电量，制订蓄电池充放电计划。夏普公司对空调、LED 照明、冰箱、LED 液晶电视进行了改造，以实现直流供电。实证结果证明直流电力是可以长期使用的，全年可以实现 10% 左右的节能效果。

（五）商业模式

北九州智能电网工程，将研发重点放在应用于地区、家庭、建筑和工厂的能源管理系统，通过给电力用户安装这些系统回收投资成本，实现收益。该技术和装备成熟后，以向包括中国、印度在内的东南亚国家，出售相关技术和装备实现盈利。该项目的成本回收周期预计在 10 年左右，各系统的主要应用对象和商业模式如表 1-7 所示。

表 1-7　　　　北九州智能电网示范工程的商业模式

| 项目 | 应用对象（营销对象） | 商业模式（盈利模式） | 成本回收时间 |
|---|---|---|---|
| 区域能源管理系统 | 电力公司、能源管理公司 | 减少地区 $CO_2$ 的排放；提供能源服务；收取相关管理费用 | 4 年 |
| 家庭能源管理系统 | 电力用户、房屋制造商 | 能源可视化服务；提升住宅功能；住宅群节能服务 | 5～14 年 |
| 建筑能源管理系统 | 办公大楼、大型商业设施、公共设施医院、酒店等 | 节能设备安装和维护；大型商业设施电动汽车充换电管理；太阳能热利用系统；应用云计算系统，降低能源管理系统的价格 | 3～15 年 |
| 工厂能源管理系统 | 中小型工厂 | 节能设备安装和维护；生产计划和能源需求计划联动管理 | 4～15 年 |
| 智能交通系统 | 电动汽车服务站、电动汽车用户 | 电动汽车充换电服务，信息服务 | 8 年 |
| 海外拓展 | 中国、印度、东南亚 | 智慧城市相关基础设施建设（能源、水、垃圾回收、城市规划、交通） | — |

## 1.4　国际组织的合作研究与标准颁布

智能电网的资源优化配置平台作用越来越受到全球各国和电力行

业的重视。2013 年，国际组织的合作研究和标准颁布主要表现在以下两个方面。

（一）国际组织的合作研究成果

清洁能源部长会议和国际能源署委托国际智能电网行动组织开展坚强智能输配电系统专题研究，并形成《更智能、更坚强的输电：提高输电容量和灵活性可行技术回顾》报告。报告分五个部分，除背景和研究课题介绍外，主体内容部分包括三章。第一章回顾了智能电网框架，综合介绍了美国 NIST 智能电网框架（2.0 版）、输配电域概念模型，以及欧洲 SGCG 提出的 SGAM 框架和分层分析方法；之后以北欧电网为例，介绍了区域和跨区互联联网应用超高压交流、串补和高压直流方面的经验。第二章以高压交直流电力电子技术、电网管理和自动化应用的 ICT 技术、广域状态监测、保护和控制为三个专题，介绍了包括特高压交直流输电、HVDC CSC、HVDC VSC、SVC、高压直流断路器在内的先进高压输电技术，并选取 ABB 公司、印度、中国等国家的工程实践，从提高电网输送能力、经济效益、环境影响三个方面对各项技术进行了效益评估。第三章提出了报告研究结论及建议，总体分为部署坚强、智能的输电设施，确保通信和自动化技术和设备的互操作性，利用广域检测、保护和控制系统提高输电网可观测性和可控性三个方面。具体包括以下要点：

（1）坚强、智能的输电网将对解决能源和气候问题发挥深远影响。

（2）日趋多元化的能源系统，特别是随着可再生能源、分布式电源、高级智能电网应用、电动汽车、需求响应的快速发展给电力系统可靠性带来了更多挑战。

（3）新的挑战要求全网具备快速应对变化和波动的能力。

（4）满足更高的灵活性要求需要在电网建设中统筹全局，消除输配电网、传统电网和信息通信技术之间的分割，将大批先进的、具备互操作性的新技术集成到现有电网资源中。

（5）坚强智能输配电系统建设没有一个固定的最优解决方案，需要根据特定需求灵活运用、组合各类技术和工具。

（6）需要从系统需求的角度出发，建立有效的政策及机制框架，以鼓励早期技术研发和设备投资。

（二）2013年国际组织智能电网相关标准的颁布情况

（1）IEC标准搜索引擎IEC Mapping Tools。

IEC标准搜索引擎Mapping Tools由IEC SG 3智能电网战略工作组（已转型为IEC SEG 2系统评估组）开发，用户可以以图表或表单的形式，选择特定技术领域，即可获得该领域所有标准（含IEC标准及其他标准化组织标准）。Mapping Tools系统在架构分层上，基本继承了欧洲SGCG域和过程层的划分方式，但将跨领域部分（如电磁兼容等）单独列出作为共性技术领域。

（2）IEEE全面修订IEEE 1547《分布式能源与电力系统的互联标准》。

自2003年IEEE 1547标准首次发布以来，分布式能源与电网互联领域及相关工程应用都有了长足的发展，尽管现有标准仍在持续影响着全球的分布式发电的并网和发展，但仍需不断衍生出系列标准以满足新兴市场的需求。2013年，IEEE 1547标准的全面修订工作正式启动，计划于2018年前完成。

IEEE 1547标准首次提出了公共并网点总功率达10MV·A及以下的分布式能源并网的性能、操作、测试、安全和维护的标准及要求。该标准对国家立法、规则制定及监管，乃至全球市场内电力公司的相关重要工程和商业操作均产生了不同程度的影响。此外，更趋密集的分布式发电部署也带来了新的挑战，由此衍生出了一系列IEEE

1547 扩展标准，以解决更深领域里出现的新问题，包括性能测试，监控、信息交换和控制，微电网及包括建模和仿真在内等因素对电网的影响。衍生标准的发展还在继续。例如，IEEE P1547.1a——《分布式能源与电力系统互联设备的性能试验流程标准草案修订稿（第一版）》，正在对基本标准中的相关条款进行修订，针对区域内电力系统的电压调节和应对电压及电频的异常情况制定出测试要求。

（3）IEEE 为电力公司支持智能电网的现代通信系统提供了新标准。

2012 年 12 月 12 日，IEEE 宣布完成 IEEE 802 系列标准中的 4 项无线通信标准的制定修订工作，并计划启动新的 IEEE 802 标准开发项目。新 IEEE 802 标准系列包括：

1）IEEE 802.15.4－2012——《IEEE 局域网和城域网标准第 15.4 章：低速率无线个人区域网（LR－WPANs）修订版 3：低速率、无线、智能电表设施网络的物理层（PHY）规范》。这一标准是全球通用标准，支持智能电网中超大范围智能电表的应用和高级电表基础测试实现电信级无线通信。

2）IEEE 802.16－2012——《IEEE 宽带无线接入系统空中接口标准》。该标准支持在全球范围内采用创新的、经济的、满足互操作要求和多供应商提供的宽带无线接入（BWA）产品，使用以太网和 IP 界面，电力公司可用于"机对机"智能电网应用。该标准规定了固定和移动相结合的点对多点 BWA 系统的空中接口，包括媒体接入控制和物理层等。

3）IEEE 802.16.1TM－2012——《IEEE 宽带无线接入系统的 WirelessMAN-高级空中接口标准》。该标准改进了空中接口并提升了城域网容量，支持电力公司进行智能电网"机对机"通信和移动声音应用，使用以太网和 IP 界面。IEEE 802.16.1TM－2012 是被 ITU

指定为 IMT - Advanced 技术的最新独立版本。

另外，IEEE 标准协会已批准制定一个新标准，旨在实现异质网络中不同类型网络间的无线数据组连接切换。电力公司可使用这个标准实现大型设备组从一个网络切换到另一个网络，确保在网络失去部分连接时，可持续实现联通和稳定服务。

（4）IEEE P1901.2——《智能电网应用低频（小于 500 kHz）窄带电力线通信（PLC）标准》。

2013 年，IEEE P1901.2——《智能电网应用低频（小于 500 kHz）窄带电力线通信（PLC）标准》获得通过。IEEE P1901.2 最初是为现代智能电网设计的，它是对通信技术和智能电网安全框架的技术和创新的整合。IEEE P1901.2 主要由物理层（PHY）/媒体访问控制层（MAC）、共存和电磁兼容性（EMC）要求三大内容组成，它为所有类型的低频和窄带设备平衡、高效地使用 PLC 渠道提供指导。该标准还详细定义了在同一频带中运行的各项标准技术的共存机制。

# 2

# 中国智能电网发展进展

发展坚强智能电网，对于我国实施节能减排，实现低碳发展，应对气候变化，降低单位 GDP 能耗，促进产业升级等各方面都具有非常重要的意义。2013 年以来，李克强总理多次在国务院常务会议和能源委员会会议上强调推进电网智能化，发展远距离大容量输电技术，优化资源配置，促进降耗增效。

2013 年是我国智能电网全面建设的重要一年，发展战略与产业规划进一步优化，监管法规与政策进一步完善，技术标准与关键设备研究取得进步，试点工程项目进展顺利。在智能电表推广与用户信息采集、智能电网支撑智慧城市发展、智能电网综合建设工程等方面高效推进。

本章主要从战略规划部署、政策法规颁布、技术标准制定、关键技术研发、试点与示范工程建设等方面分析介绍了 2013 年我国智能电网发展进展情况。

## 2.1 战略规划部署

### 2.1.1 智能电网产业规划

2013 年，随着《"十二五"国家重大创新基地建设规划》将智能电网与特高压作为国家重大创新基地建设重点，智能电网的战略地位不断提升。2014 年 3 月 5 日李克强总理在 2014 年政府工作报告中提出推动能源生产和消费方式变革，其中的一个重要举措就是发展智能电网和分布式能源。李克强总理在 2014 年 3 月 21 日节能减排及应对气候变化工作会议上，提到要大力推广分布式能源，发展智能电网，逐步把煤炭比重降下来。国家发展改革委副主任、国家能源局局长吴新雄在 2014 年全国能源工作会议上指出 2014 年应重点推进智能电网、分布式能源等重大技术研究。科技部部长万钢在 2014 年 1 月 9 日召开的全国科技工作会议上表示，将加强战略高技术研发部署，重点突破智能电网、太阳能等重点领域的关键技术，占领未来发展的战略制高点。

2013 年，我国政府和企业持续对智能电网的规划和战略进行研究，主要包括以下几个方面。

（一）《能源发展"十二五"规划》（国发〔2013〕2 号）

2013 年 1 月 1 日国务院正式印发《能源发展"十二五"规划》，规划中提出发展特高压输电，加快智能电网建设等。

（1）特高压推进西电东送、北电南送。

该规划提出"在电力建设中，坚持输煤输电并举，逐步提高输电比重。结合大型能源基地建设，采用特高压等大容量、高效率、远距离先进输电技术，稳步推进西南能源基地向华东、华中地区和广东省输电通道，鄂尔多斯盆地、山西、锡林郭勒盟能源基地向华北、华中、华东地区输电通道。"

该规划还提出，以特高压输电、大规模间歇式发电并网、智能电网等技术领域为重点，加快重大工程技术示范，促进科技成果尽快转化为先进生产力。

（2）加快智能电网建设。

该规划对发展智能电网进行了较为系统的阐述。规划提出"加快智能电网建设，着力增强电网对新能源发电、分布式能源、电动汽车等能源利用方式的承载和适应能力，实现电力系统与用户互动，推动电力系统各环节、各要素升级转型，提高电力系统安全水平和综合效率，带动相关产业发展。"

该规划还强调，加强智能电网规划，通过关键技术研发、设备研制和示范项目建设，确定技术路线和发展模式，制定智能电网技术标准。建立有利于智能电网技术推广应用的体制机制，推行与智能电网发展相适应的电价政策。加快推广应用智能电网技术和设备，提升电网信息化、自动化、互动化水平，提高可再生能源、分布式能源并网输送能力。积极推进微电网、智能用电小区、智能楼宇建设和智能电表应用。"十二五"时期，建成若干个智能电网示范区，力争关键技术创新和装备研发走在世界前列。

（二）《南方电网发展规划（2013—2020年）》

2013年9月3日，《南方电网发展规划（2013—2020年）》正式出台。据了解，这是国内首个"十三五"电网规划，是指导2013—2020年南方电网发展的行动纲领。该规划由国家能源局组织编制完成，南方电网公司参与并完成了相关研究工作。

该规划明确了南方电网发展以直流为主的西电东送技术路线，形成了适应区域发展、送受端结构清晰、定位明确的同步电网主网架格局，提出了未来8年南方电网发展6个主要目标：一是将稳步推进西电东送；二是形成适应区域发展的主网架构格局；三是统筹各级电网建设；四是提高电网服务质量；五是提升电网节能增效水平；六是推广建设智能电网。其中，南方电网将加强区域电网，现有的五省（区）同步电网将逐步形成规模适中、结构清晰、相对独立的2个同步电网，区域内电压等级以500kV为主。

规划中，南方电网将主要采用直流输电技术实现跨区域送电。为实现上述目标，确定了稳步推进跨省通道建设、完善各省输电网、加强城乡配电网建设、积极推进智能电网建设、大力推动技术进步、保证系统安全稳定运行、积极开展周边电力合作、完善电网应急体系八项重点任务。

根据预测，南方五省（区）2015年用电量将达到10 500亿kW·h，"十二五"年均增长8.3％；到2020年将达到13 630亿kW·h，"十三五"年均增长5.3％。该规划提出，到2015年，南方电网建成"八交八直"的西电东送输电通道，送电规模达到3980万kW；到2020年，再建设6～8个输电通道，满足云南、藏东南和周边国家水电向广东、广西送电要求。

该规划还提出，推广建设智能电网，到2020年城市配电网自动化覆盖率达到80％；应用微电网技术，解决海岛可靠供电问题；适应新能源和电动汽车发展，确保2015年1000万kW风电、500万kW太阳能发电，2020年4500万kW风电、1300万kW太阳能发电无障碍并网；建成满足2015年10万辆、2020年100万辆电动汽车发展需要的基础设施体系。

南方电网公司表示，该规划实施后，可进一步推进南方五省（区）的能源和环境等资源优化配置，每年西部约2500亿kW·h清洁电力送入东部，每年可减少东部地区约1.1亿t煤炭使用，减排二氧化硫8万t、烟尘2.4万t、氮氧化物8.3万t。

（三）地方规划

2013年4月，由国网南京供电公司主持的《苏南现代化示范区南京电网规划报告》获国务院批复，这是我国首个以现代化建设为主题的区域规划，也是江苏继沿海开发和长三角区域规划之后又一个国家战略规划。根据规划，南京将重点发展智能电网，并大力发展新能源汽车等战略性新兴产业。这意味着，南京电网迎来了新的发展机遇和挑战。

《珠海智能电网产业规划（2013—2020）》在2013年10月通过市

政府常务会研究批准，正式出炉。根据该规划，未来珠海智能电网产业战略定位是重点打造"四个基地"，即国内一流的智能电网产业研发生产基地、国内领先的智能电网检测和工程服务基地、国内重要的智能电网产业区域性总部基地、国内领先的智能电网产业示范应用基地。

## 2.1.2　相关产业规划

2013年，我国政府制定出台了一系列与智能电网发展息息相关的产业规划。

（一）《"十二五"绿色建筑和绿色生态城区发展规划》

2013年3月，住房城乡建设部颁布《"十二五"绿色建筑和绿色生态城区发展规划》。到"十二五"期末，绿色发展的理念被社会普遍接受，推动绿色建筑和绿色生态城区发展的经济激励机制基本形成，技术标准体系逐步完善，创新研发能力不断提高，产业规模初步形成，示范带动作用明显，基本实现城乡建设模式的科学转型。新建绿色建筑10亿 $m^2$ ，建设一批绿色生态城区、绿色农房，引导农村建筑按绿色建筑的原则进行设计和建造。"十二五"时期具体目标如下：

（1）实施100个绿色生态城区示范建设。选择100个城市新建区域（规划新区、经济技术开发区、高新技术产业开发区、生态工业示范园区等）按照绿色生态城区标准规划、建设和运行。

（2）政府投资的党政机关、学校、医院、博物馆、科技馆、体育馆等建筑，直辖市、计划单列市及省会城市建设的保障性住房，以及单体建筑面积超过2万 $m^2$ 的机场、车站、宾馆、饭店、商场、写字楼等大型公共建筑，2014年起率先执行绿色建筑标准。

（3）引导商业房地产开发项目执行绿色建筑标准，鼓励房地产开发企业建设绿色住宅小区，2015年起，直辖市及东部沿海省市城镇的新建房地产项目力争50％以上达到绿色建筑标准。

(4) 开展既有建筑节能改造。"十二五"期间，完成北方采暖地区既有居住建筑供热计量和节能改造 4 亿 m² 以上，夏热冬冷和夏热冬暖地区既有居住建筑节能改造 5000 万 m²，公共建筑节能改造 6000 万 m²；结合农村危房改造实施农村节能示范住宅 40 万套。

(二)《国家新型城镇化规划 (2014—2020 年)》

2014 年 4 月，国务院印发《国家新型城镇化规划 (2014—2020 年)》，按照走中国特色新型城镇化道路、全面提高城镇化质量的新要求，明确未来城镇化的发展路径、主要目标和战略任务，统筹相关领域制度和政策创新，是指导全国城镇化健康发展的宏观性、战略性、基础性规划。

(1) 城镇化水平和质量稳步提升。城镇化健康有序发展，常住人口城镇化率达到 60% 左右，户籍人口城镇化率达到 45% 左右，户籍人口城镇化率与常住人口城镇化率差距缩小 2 个百分点左右，努力实现 1 亿左右农业转移人口和其他常住人口在城镇落户。

(2) 城镇化格局更加优化。"两横三纵"为主体的城镇化战略格局基本形成，城市群集聚经济、人口能力明显增强，东部地区城市群一体化水平和国际竞争力明显提高，中西部地区城市群成为推动区域协调发展的新的重要增长极。城市规模结构更加完善，中心城市辐射带动作用更加突出，中小城市数量增加，小城镇服务功能增强。

(3) 城市发展模式科学合理。密度较高、功能混用和公交导向的集约紧凑型开发模式成为主导，人均城市建设用地严格控制在 100m² 以内，建成区人口密度逐步提高。绿色生产、绿色消费成为城市经济生活的主流，节能节水产品、再生利用产品和绿色建筑比例大幅提高。城市地下管网覆盖率明显提高。

(4) 城市生活和谐宜人。稳步推进义务教育、就业服务、基本养老、基本医疗卫生、保障性住房等城镇基本公共服务覆盖全部常住人口，基础设施和公共服务设施更加完善，消费环境更加便利，生态环境明显改善，空气质量逐步好转，饮用水安全得到保障。自然景观和文化特色得到有效保护，城市发展个性化，城市管理人性化、智能化。

（5）城镇化体制机制不断完善。户籍管理、土地管理、社会保障、财税金融、行政管理、生态环境等制度改革取得重大进展，阻碍城镇化健康发展的体制机制障碍基本消除。

（三）《关于公布 2013 年度国家智慧城市试点名单的通知》

2013 年 8 月，住房和城乡建设部发布了《关于公布 2013 年度国家智慧城市试点名单的通知》。该通知初步确定北京经济技术开发区等 103 个城市（区、县、镇）为 2013 年度国家智慧城市试点。具体要求为：各地针对本地区新型城镇化推进中的实际问题，制定出智慧城市创建目标，做好顶层设计，制定创建任务和重点项目的时间节点，创新体制机制，明确责任和考核制度，落实相关保障措施；高度重视信息整合和共享协同，抓好城市公共信息平台和公共基础数据库建设，注重城市发展中的应用体系建设；指导试点城市编制重点项目投融资规划，将"政府引导、社会参与"的多渠道、多元投资落到实处，逐一落实项目投资规模、资金来源和建设时序；各省级住房城乡建设主管部门要总结 2012 年度智慧城市试点管理经验，统筹做好本地区试点的组织协调、全过程管理指导检查和监督，组织列入 2013 年度试点的城市（区、镇）修改完善试点实施方案，编制创建任务书并开展评审工作。

（四）《关于促进光伏产业健康发展的若干意见》

2013 年 7 月，国务院印发《关于促进光伏产业健康发展的若干意见》。意见指出，首先，应积极开拓光伏应用市场。大力开拓分布式光伏发电市场，鼓励各类电力用户按照"自发自用，余量上网，电网调节"的方式建设分布式光伏发电系统；按照"合理布局、就近接入、当地消纳、有序推进"的总体思路，在落实市场消纳条件的前提下，有序推进各种类型的光伏电站建设系统；巩固和拓展国际市场。其次，加快产业结构调整和技术进步。通过抑制光伏产能盲目扩张，加快推进企业兼并重组，加快提高技术和装备水平和积极开展国际合作，实现产业结构调整和技术进步。加强配套电网建设，完善光伏发电并网运行服务。通过完善电价和补贴政策、改进补贴资金管理和加大财税政策支持力度等方式，完善支持政策。

该意见确立了以下系列发展目标：建立适应国内市场的光伏产品生产、销售和服务体系；2013－2015 年，年均新增光伏发电装机容量 1000 万 kW 左右，到 2015 年总装机容量达到 3500 万 kW 以上；培育一批具有较强技术研发能力和市场竞争力的龙头企业；加快技术创新和产业升级，提高多晶硅等原材料自给能力和光伏电池制造技术水平，提高光伏产业竞争力；保持光伏产品在国际市场的合理份额，对外贸易和投融资合作取得新进展。

（五）《关于加快发展节能环保产业的意见》

2013 年 8 月，国务院印发《关于加快发展节能环保产业的意见》，要求围绕重点领域，促进节能环保产业发展水平全面提升。加快节能技术装备升级换代，推动重点领域节能增效。提升环保技术装备水平，治理突出环境问题。发展资源循环利用技术装备，提高资源产出率。

## 2.2  政策法规颁布

2013 年，为推动我国智能电网发展，主要相关政府机构制定出台了一系列政策与法规，直接指导各利益相关方实施智能电网建设。

（一）《分布式发电管理暂行办法》

2013年7月18日，国家发展改革委发布了《分布式发电管理暂行办法》。遵循因地制宜、清洁高效、分散布局、就近利用的原则，充分利用当地可再生能源和综合利用资源，替代和减少化石能源消费。在投资、设计、建设、运营等各个环节均依法实行开放、公平的市场竞争机制。确定发展分布式发电的领域及技术，根据各种可用于分布式发电的资源情况和当地用能需求，编制本省、自治区、直辖市分布式发电综合规划，明确分布式发电各重点领域的发展目标、建设规模和总体布局等；组织分布式发电示范项目建设，推动分布式发电发展和管理方式创新，促进技术进步和产业化；鼓励结合分布式发电应用建设智能电网和微电网，提高分布式能源的利用效率和安全稳定运行水平；组织建立分布式发电的监测、统计、信息交换和信息公开等体系；对符合条件的分布式发电给予建设资金补贴或单位发电量补贴等方式。

（二）《关于继续开展新能源汽车推广应用工作的通知》

该通知由财政部于2013年9月17日发布。为加快新能源汽车产业发展，2013—2015年继续开展新能源汽车推广应用工作，推出相关的补贴政策。在满足以下条件的示范城市或区域可推广新能源汽车应用实施方案：2013—2015年，特大型城市或重点区域新能源汽车累计推广量不低于10 000辆，其他城市或区域累计推广量不低于5000辆；政府机关、公共机构等领域车辆采购要向新能源汽车倾斜，新增或更新的公交、公务、物流、环卫车辆中新能源汽车比例不低于30%。对于消费者，补助标准依据新能源汽车与同类传统汽车的基础差价确定，并考虑规模效应、技术进步等因素逐年退坡。2014年和2015年，纯电动乘用车、插电式混合动力（含增程式）乘用车、纯电动专用车、燃料电池汽车补助标准在2013年标准基础上分别下降

10％和20％；纯电动公交车、插电式混合动力（含增程式）公交车标准维持不变。对示范城市充电设施建设给予财政奖励，奖励资金将主要用于充电设施建设等方面，具体奖励办法及标准另行制定。

（三）《光伏发电运营监管暂行办法》

该办法由国家能源局于2013年11月26日发布。该办法适用于并网光伏电站项目和分布式光伏发电项目。有关部门需对光伏发电电能质量、光伏发电配套电网建设、光伏发电并网服务、并网环节的时限、电力调度机构优先调度光伏发电、电网企业收购光伏发电电量、光伏发电并网运行维护、光伏发电电量和上网电量计量、光伏发电电费结算、光伏发电补贴发放情况实施监管。

（四）《国家发展改革委办公厅关于组织开展2014—2016年国家物联网重大应用示范工程区域试点工作的通知》

该通知由国家发展改革委于2013年10月31日发布。各地区要根据区域特点、发展优势和产业基础条件开展物联网技术的集成应用，提供物联网专业服务和增值服务，建立完善的推进物联网发展协调机制。要求各地区提出国家物联网重大应用示范工程区域试点工作方案及重点项目考虑，系统推进本地区物联网发展及应用。

对示范区建设提出的原则包括：以市场为导向，以企业为主体，鼓励第三方应用服务平台建设和应用服务的市场化；利用物联网技术改造传统产业，推动产业转型升级和经济发展，促进社会管理和公共服务信息化；支持信息服务、系统集成等第三方服务企业参与物联网应用示范工程的运营和推广；加强各类资源的整合与协同，促进基础资源和信息的共享；加强物联网与云计算、大数据、下一代互联网等新一代信息技术和先进制造技术的融合创新，带动技术融合创新和产业规模发展，形成具有较强竞争力的物联网产业集群；加强与国家创新型城市、智慧城市、云计算示范城市和下一代互联网示范城市等工作的统筹协调推进。

重点领域包括：支持优势服务企业通过建设物联网应用基础设施和服务平台，提供工业制造、节能环保、商贸流通、交通能源、公共安全等领域的物联网应用服务，鼓励地方政府部门、企事业单位向应用服务企业购买服务；支持有条件的企业围绕生产制造、商贸流通、物流配送、经营管理等领域，开展物联网技术集成应用和模式创新。

## 2.3 技术标准制定

### 2.3.1 国家标准和行业标准

我国政府一直非常重视智能电网的标准化工作，由能源局和国家标准化委员会成立的国家智能电网标准化总体工作推进组负责国家智能电网标准化工作的战略规划，推进国家智能电网标准体系建设。目前，正在组织制定《智能电网技术标准体系》。

2013 年，围绕新能源并网、特高压交直流输电、电动汽车充换电设施等领域出台了一系列行业标准。

（1）新能源并网领域。

新能源并网领域重点推进了光伏发电相关重要标准的编制，包括《光伏发电站低电压穿越检测技术规程》《光伏发电站电能质量检测技术规程》《光伏发电站功率控制能力检测技术规程》《光伏发电站逆变器电能质量检测技术规程》《光伏发电站逆变器电压与频率响应检测技术规程》《光伏发电站逆变器防孤岛效应检测技术规程》《光伏发电站功率预测系统技术要求》《光伏发电站太阳能资源实时监测技术规范》《光伏发电站电压与频率响应检测规程》《光伏发电站防孤岛效应检测技术规程》等。此外，在风电并网方面，还编制了《风电场运行指标与评价导则》《风电功率预测系统功能规范》《风电调度运行管理规范》等。在分布式电源并网方面，编制了《分布式电源接入配电网技术规定》。

（2）特高压交直流输电领域。

在输变电领域继续完善特高压交直流输电的技术标准体系。主要包括《1000kV 架空输电线路工程施工质量检验及评定规程》《1000kV 变电站电气装置安装工程施工质量检验及评定规程》《1000kV 继电保护及电网安全自动装置检验规程》《1000kV 架空输电线路铁塔组立施工工艺导则》《1000kV 继电保护及电网安全自动装置运行管理规程》《1000kV 带电作业工具、装置和设备预防性试验规程》《1000kV 交流输变电工程系统调试规程》等。

（3）电动汽车充换电设施领域。

2013 年在电动汽车充换电设施领域相继出台了多项标准，涉及充换电设备、通信协议、施工建设等多个方面。主要包括《电动汽车充换电设施工程施工和竣工验收规范》《电动汽车充电站及电池更换站监控系统技术规范》《电动汽车电池箱更换设备通用技术要求》《电动汽车充电站/电池更换站监控系统与充换电设备通信协议》《电动汽车充电设备检验试验规范》《电动汽车充换电设施建设技术导则》等。

## 2.3.2　电网企业标准

2013 年，国家电网公司继续加强智能电网的标准化工作。在标准化组织体系方面，组建首批 6 个技术标准专业工作组，发布"五大"技术标准体系表，建立资产全寿命周期管理技术标准体系；在标准制定方面，发布公司技术标准 133 项，获 5 项国际标准主导制定权；在标准支撑方面，成功获批国际标准化创新示范基地和国家智能电网综合标准化试点项目。

2013 年，国家电网公司围绕智能用电领域，推动智能电表及用电信息采集标准的制定。为统一各类智能电表的设计、制造、使用和检定的相关技术要求，相继出台了智能电表系列标准。该标准系列包含《直流电能表技术规范》《直流电能表检定装置技术规范》《三相智能电能表技术规范》《单相静止式多费率电能表技术规范》《智能电能表信息交换安全认证技术规范》《单相智能电能表型式规范》《三相智能电能表型式规范》和《智能电能表功能规范》等。同时，为进一步规范针对不用用户和设备的用电信息采集系统的技术及功能，确保通信与设备的兼容，还出台了系列用电信息采集系统标准。该标准系统包括《电力用户用电信息采集系统功能规范》《电力用户用电信息采集系统技术规范》《电力用户用电信息采集系统型式规范》《电力用户用电信息采集系统通信协议》《电力用户用电信息采集系统检验技术规范》等。其中，在技术规范、型式规范、通信协议、检验技术规范中都分别针对专变采集终端、集中抄表终端及采集器提出了标准规范。

南方电网公司根据智能电网建设、示范和推广应用中出现的需求，详细梳理了企业标准的制定和修订需求，计划围绕大容量集中式新能源发电并网、配电自动化、分布式电源及微网、电动汽车、变电站智能化、信息化应用和信息通信安全、设备状态监测/评估/检修等重点领域开展 270 余项标准的制定和修订工作。其中，《南方电网 3C 输变电装备技术导则》《南方电网一体化电网运行智能系统技术规范》及《南方电网变电站驾驶舱技术规范》等被列为首批急需制定的标准。

### 2.3.3 智能电网标准国际化工作

智能电网既代表着未来电网升级发展的技术方向，又蕴含着巨大的产业和市场发展潜力，世界各国越发重视智能电网的国际标准化工作，纷纷参与组织设置、主导和参与标准制定，以赢得国际影响力，把握发展先机。

目前，国际各大电气电工领域的标准化组织都设立了智能电网相关的标准化机构。其中，国际电工委员会（International Electrotechnical Commission，IEC）于 2009 年成立了智能电网战略工作组（Strategy Group 3，SG3）。主要负责制定智能电网标准体系和技术路线，并协调 IEC 内部与智能电网密切相关的技术委员会（Technical Committee，TC）（主要包括 TC57、TC8、TC13、TC64、TC69、TC88、TC82、TC23、TC65、TC56、TC77、TC120、PC118、ISO/IEC JTC1 等）在智能电网标准制定修订方面的工作。ISO 通过与 IEC 成立联合技术委员会特别工作组（ISO/IEC JTC1 Special Working Group on Smart Grid，SWG - SG），参与 IEC 智能电网标准化工作。ITU - T 主要关注智能电网中的信息通信技术，成立智能电网专门工作组（Focus Group），发布智能电网标准知识库。IEEE 标准协调委员会 21 （IEEE Standards Coordinating Committee 21 ，SCC21）组织成立了 IEEE P2030，旨在定义和解决智能电网不同组织结构层次之间和层次内的互操作性问题，通过定义术语、功能特性、评估原则和功能应用准则等内容扩充智能电网知识库，加强对概念的理解，并为不同技术层次元素的整合提供技术指南。此外，一些与智能电网相关的企业联盟也在标准制定中发挥重要作用，包括 ZigBee、OpenADR、Oasis、BACnet、ECHONET 等。

国家电网公司积极参与 IEC、IEEE 等国际组织机构的智能电网标准工作，2013 年 1 月舒印彪总经理被推选为 IEC 副主席兼市场战略局（MSB）召集人。截至 2013 年底，发起并成立 IEC 智能电网领域的 3 个分技术委员会，提案的 19 项国际标准获得立项。其中，中国电科院承担 IEC PC118 智能电网用户接口秘书处工作，主要负责制定用户侧设备与电网交互接口及电力需求响应标准，目前正在研究推动《PC118 标准：智能电网用户接口技术报告》。由国家电网公司专家作为牵头人在 IEC TC8 中成立了用户侧电源并网工作团队（IEC

TC8 PT62786)。2012 年国家电网公司编制的《电动汽车换电设施安全要求》国际标准提案获得批准，成立了电动汽车换电站安全要求工作组（IEC TC69 PT62840），并于 2013 年 2 月在北京举行第一次工作会议，确定了标准工作组草案内容框架、标准编制分工和下一步工作计划。

立足于智能电网的全球发展，国家电网公司还与 IEEE 签订了全面战略合作协议，推动了特高压交流标准工作组的创建。截至 2013 年底，主导制定了 3 项特高压交流、1 项储能、2 项超高压国际标准。包括 IEEE P2030.3《储能系统接入电网测试标准草案》、IEEE P1860《在 1000kV 下的无功功率和电压或特高压交流系统标准草案》、IEEE P1861《在 1000kV 下对 Sitehand - Over 的验收测试或特高压交流电设备和调试程序的标准草案》、IEEE P1862《在 1000kV 下对超电压和绝缘配合或特高压交流输电工程的标准草案》、IEEE P1861《1000kV 及以上特高压交流设备现场试验标准及系统调试规程》、IEEE P1860《1000kV 及以上特高压交流系统电压与无功技术导则》等。

## 2.4 关键技术研发

### 2.4.1 关键技术框架

2010 年 6 月 29 日，国家电网公司编制并发布《智能电网技术标准体系规划》和《智能电网关键设备（系统）研制规划》。

《智能电网技术标准体系规划》是用于指导国家电网公司智能电网企业标准编制工作的纲领性文件和技术指南，也是我国智能电网行业标准和国家标准编制工作的重要参考资料。智能电网技术标准体系包括综合与规划、发电、输电、变电、配电、用电、调度、通信信息等内容，如图 2 - 1 所示。

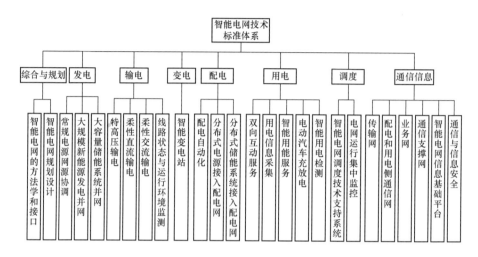

图 2-1　智能电网技术标准体系

《智能电网关键设备（系统）研制规划》则是关键设备研制工作的行动纲领，可作为科研、制造企业的设备研制指南，同时也可作为制定相关产业化发展规划的指导依据，是包含了 7 个技术领域，28个技术专题和 137 项关键设备研制的规划体系，并与 2011 年进行了修订。

2013 年，国家电网公司基于两项规划，加强技术标准体系建设，组建首批 6 个技术标准专业工作组，发布"五大"技术标准体系表，建立资产全寿命周期管理技术标准体系。加快推进先进技术标准的升级转化，主导制定并发布 158 项国家标准、行业标准，192 项标准纳入 2013 年国家、行业标准制定修订计划；发布企业技术标准 133 项，获 5 项国际标准主导制定权。

另外，国家电网公司还于 2013 年制定了《国家电网公司新技术推广应用管理办法》和《国家电网公司新技术挂网试运行实施细则》，成果转化和新技术推广制度进一步完善。

## 2.4.2　中国在智能电网关键技术和装备领域的进展

在国家科技部和电网企业科技主管部门的统一协调下，2013 年我国在智能电网领域的技术研究工作取得了可喜的成果，各个领域的科研水平在巩固已有成果的基础上均得到了长足的发展。

（1）在大电网复杂动态过程监测分析技术方面主要突破的创新点包括：研究提出发电机励磁系统低频振荡阻尼特性的综合评价方法和定量评价指标，开发了在线评价程序，实现了工程化应用；研究提出强迫功率振荡的在线监测分析方法和定量评价指标，开发在线监测分析程序，实现了工程化应用；研究提出基于 PMU 上传的定子电流数据和励磁电流数据进行次同步电气振荡在线监测分析与预警的方法，实现了工程化应用；考虑定子绕组暂态过程，研究提出同步发电机实用参数和原始参数辨识算法，实现工程化开发应用；充分考虑线路高抗、串联补偿、低压补偿装置投退的影响，研究提出线路参数、变压器参数（含变比）的辨识算法，实现工程化应用开发；考虑 SCADA 传输时延，并利用参数辨识结果对电网模型中的可疑参数进行修正，在智能电网调度技术支持系统上实现了 SCADA/PMU 混合量测状态估计程序开发。提高了电网模型参数可靠性、电网运行数据可靠性，以及电网复杂动态过程的监测分析结果可靠性。

该项技术基于电力系统广域同步测量数据，完成了电力系统元件参数辨识、混合测量状态估计、振荡过程中励磁系统综合阻尼特性评估、强迫功率振荡在线监测分析、次同步振荡在线监测分析等研究和开发，实现了对大电网复杂动态过程的监测分析。引领了国际研究方向，对电网调度智能化水平的提高具有重要的促进作用，为安全稳定可靠供电提供了可靠的技术支撑。

（2）在发电领域，在大容量风光储联合发电方面，基于就地风光资源及电网需求，研究了风光储联合发电互补机制及系统集成方案，建立了大规模并网风光储联合发电及出力互补理论模型和设计导则，确定了示范工程的风光储配比容量为 10：4：2 的技术方案；采用统一通信协议，突破不同厂家设备信息交互瓶颈，构建统一通信信息平台，开发风光储联合发电监控系统，包括风电厂、光伏电站、储能电站及一体化风光功率预测监控子系统；提出储能电站集中控制与单元模块就地调控相互耦合的分层实时控制架构，实施大规模电池储能电站化系统集成；基于高精度风光一体化预测和并网主动控制技术，研究有关风力发电、光伏发电集中并入电网后有功调控需求、暂态无功调控需求及自动发电控制（AGC）、自动电压控制（AVC），建立风光汇集区调度模型，提出电压紧急控制策略并实现对电网事故的暂态无功支撑。

在大型风电并网运行与试验检测关键技术及应用方面，提出了具有普适性的风电功率预测方法，提高了历史数据少、气候类型多、地形复杂的风电场的功率预测精度；研发了国际先进水平的风电优化调度计划系统，解决了我国在缺乏灵活调节电源情况下的风电高效利用问题；建立了多时间尺度风电并网仿真平台；提出了风电机组电网适应性试验方法，研制了电网运行模拟装置和新型低电压穿越测试装置。该项技术的创新之处在于：提出了基于循环热启动的物理预测方法、物理与统计相结合的自适应组态耦合预测方法；提出了时序递进的风电运行不确定预见调度方法；提出了计及系统运行约束和风电出力特性的时序生产模拟分析方法、考虑动态特性差异的风电机组机电暂态通用化建模方法；提出了基于高低频独立运行的全功率电网适应性试验方法、基于阀控技术的低电压穿越试验方法；提出了基于风电机组通用基础和灵活切换集电系统的风电基地设计方案。

该技术的应用形成了国际领先的风电并网研究和风电机组试验检测能力，解决了我国风电并网运行与消纳的技术障碍，对我国保障能源安全、应对气候变化、实现节能减排，作用和意义特别重大。

（3）在输电领域，由国网湖南省电力公司、中国电科院等单位联合申报的"电网大范围冰冻灾害预防与治理关键技术及成套装备"项目获国家科技进步一等奖。该技术率先构建了电网冰冻灾害预报体系。突破了国际上电网覆冰预测的禁区,揭示了基于太阳黑子、地形地貌、大气环流相互作用的"日地气耦合"电网覆冰形成规律,创建了基于等效雨凇日的覆冰程度量化指标体系,首次定量计算出电网特别严重冰灾重现期为 12.4 年的冰灾防治首要指标,开发了电网覆冰长、中、短期预报技术和国际首套电网覆冰自动预报系统,预报准确率分别高达 100%、83.9% 和 98%。

该技术创建了恶劣条件下覆冰实时监视、预警与决策技术。建立了过冷却水滴碰撞形成覆冰的热传递模型和冰灾应急处置策略,提出了导线覆冰增长公式,发明了导线覆冰图像增强去雾、覆冰厚度精确测量的系列算法,研制了世界上覆盖范围最广、可靠性最高的电网覆冰监测与预警系统,首次快速自动绘制电网冰区预警图,监测预警精度达 1mm,实现了电网冰灾应急自动决策。

该研究发明了防冰闪复合绝缘子。揭示了覆冰绝缘子闪络特性规律,提出了防止绝缘子冰闪的原理和方法,研制的复合绝缘子可提高冰闪电压 16%~22%,降低线路冰闪跳闸率达 50% 以上,发明了电网冰灾防治技术及成套装备。针对国际上现有直流融冰装置谐波含量高、造价高等瓶颈,巧妙地提出了经济的谐波磁势内部抵消的"回路消谐"技术,开发"阻抗均流"和"自适应感应电压抑制"等核心技术,研制了具有自主知识产权的固定式、移动式等系列直流融冰装备,谐波小于 5%,占地减少 90%,造价降低 80%,维护简单,节省线路投资 45%,极具国内外竞争优势。

在输电领域,成功研制出柔性直流换流阀及阀控设备,在 DNV KEMA 实验室见证下,完成具有完全自主知识产权的 ±320kV/1000MW 柔性直流换流阀阀塔,并通过 IEC62501 标准规定的全部型式试验。这标志着世界电压等级最高、容量最大的柔性直流换流阀及阀控设备研制成功。

柔性直流输电技术是解决海上风电并网、孤岛供电、城市配网的最优解决方案，也是近几年国际电网领域备受瞩目的前沿技术。中国与挪威等多个发达国家签署框架协议，共同开发海上风能。世界高压等级最高、容量最大的柔性直流换流阀及阀控设备研制成功，这是继特高压直流换流阀之后，国家电网公司在电网高端装备领域占领的又一战略高地。

±320kV/1000MW 柔性直流换流阀及阀控设备瞄准大连跨海柔性直流输电重大科技示范工程研制，换流阀器件通流水平达到应用极限，对换流阀子模块电压电流水平和阀控系统控制能力提出了前所未有的挑战。该高端装备此前国际尚未有研制成功的报道。

（4）在变电领域，开展了智能变电站继电保护的配置原则和应用技术研究，体现的创新点主要包括：提出了一种基于对称光原理的智能变电站合并单元点对点口和组网口一致性测试方法，可满足单元输出性能测试的要求；系统地解决了智能变电站实证考核的难题，提出了切实可行的短路试验方案，首次完成了变电站在故障情况下的整体性能测试；首次利用智能变电站数据共享优势，智能识别二次设备运行状态、自动投退相应间隔保护，实现了站域保护临时代路功能。

（5）在配电领域，通过大规模省域智能配电网建设实现配电网信息的采集与监控以及故障的快速定位与隔离，有效缩短故障检测时间，实现动态平衡的电网负荷，在提高电网供电能力的同时有效降低线损率；及时发现设备的异常运行状态，最大限度地延长设备寿命，提高供电可靠率；实现与用户的智能互动，以友好的方式适应客户的自主选择，提高供电服务水平；有助于实现分布式电源并网和利用，最大限度地实现资源优化配置，提高能源利用率。

另外，完成了城市电网储能电站集中应用关键技术研究与示范，着力于以钠硫电池为典型的储能装置产品化、工程化和标准化，针对城市电网储能电站集成应用的设计优化、系统优化及运行优化三个层面进行研究，从电池模块的安全设计、储能监控系统的框架设计到储能电站的规划设计；从一体化测量系统、模块化并网装置到紧凑型储能成套系统等关机设备研制；从储能系统接入电网的控制策略、运行制度到优化调度原则等方面进行了体系完整的集成技术研究。该项技术可以减少碳排放量，储能系统的推广应用能够有效提高现有发输配电设备的利用率，改变电力建设的增长模式，降低发电企业和电网企业的运行成本，减少用户的用电费用，减少停电损失。

（6）用电领域，研究了与智能电网相适应的用户可选择销售电价理论、模型及其应用。该项理论技术研究结合我国销售电价现状问题及智能电网的发展，分析对可选择性电价的要求；在深入分析峰谷分时、丰枯（季节）、高可靠性、可中断、负荷率、阶梯六种可供选择的用户销售电价结构形式的理论、模型和实证的基础上，提出销售电价结构改革实施方案。同时分析各种电价形式对用户的影响机理，结合智能电网技术设计居民、农业和工商业及其他用户的可选择电价模式。

在计量集约化运行关键技术研究与设备研制技术方向，研究了计量集约化管理模式下的计量设备自动化检定、智能化仓储、物流化配送及计量业务生产调度与管控等环节的关键技术和设备，解决了计量业务集中规模化运行遇到的困难和技术难点，实现了计量检定技术跨越式发展，改变了计量检定作业模式，提高了计量集约化运行效率。研发了国内首条单/三相智能电能表、低压电流互感器、用电信息采集终端全功能自动化检定/检测流水线；提出了配送与库存管理联合决策模型，并将自动化立体仓储技术引入计量设备大规模检定管理；

研发了首个省级计量中心智能化生产调度平台；首次构建了计量集约化管理模式下的技术监督体系；建立了国内首套电能计量装置综合试验系统。

（7）在调度领域，在特大电网一体化调度控制系统关键技术及规模化应用方向，研发了适应大电网调度控制业务的一体化支撑平台，实现多级调度协同的大电网智能告警和协调控制、全网联合在线安全稳定分析及安全约束机组组合。实现特大电网多级（国网省）调度控制业务的一体化协同运作，促进了可再生能源有效消纳。

在广域分布式调控一体化方向，实现了系统从局域网到广域网的有效突破，构建了满足多级调控业务的一体化监视、分析、控制、仿真等应用服务；研制了基于分层分区均衡策略和冗余交叉互备的广域分布式数据采集集群技术，实现了数据分布式采集和分区互备功能；研制了基于时标事件驱动和分区域数据拼接的多岛全息恢复与同步技术；研制了基于 CIM/G、CIM/E 的主站和厂站共享建模技术；研制了基于自动生成间隔图的监控信息分层分类监视技术；采用了多级一体化自备用技术，实现了一体化系统内通道采集数据级、监视分析应用级、异地容灾系统级等多级备用功能。

（8）在通信信息平台研究与建设方面，制定了智能电网通信管理系统标准体系，研究并实现了基于网络和时间的通信全网告警相关性分析、告警跨网适配及业务影响拼接、通信故障预警、故障智能处理等智能化技术。

## 2.5 试点与示范工程建设

### 2.5.1 建设历程和概况

2009 年 8 月，国家电网公司启动第一批城市配电自动化试点工程，在北京、杭州、银川、厦门 4 个城市的中心区域（或园区）进行。第二批试点工程在第一批试点城市配电自动化一期建设的基础上，进行二期建设，重点是拓展分布式电源接入技术支持，完善配电网高级应用及调控一体化技术支持平台建设，实现配电网调度运行控制的一体化管理。

2011年以来，国家电网公司智能电网建设进入全面建设阶段，建设工作覆盖国家电网公司经营范围内的 26 个省（区、市），涵盖发电、输电、变电、配电、用电、调度六大环节，以及通信信息平台。

2013年，国家能源局第一、二批智能电网试点项目相继建成，国家发展改革委物联网应用示范工程基本完成，国家科技支撑计划风光储输示范工程关键技术研究顺利通过国家课题验收。截至 2013年底，国家电网公司已累计建成公司级智能电网试点项目 29 类 298 项、国家级智能电网项目 32 项。电网智能化水平持续提升，累计建成智能变电站 843 座，配电自动化 10kV 线路 6185 条，电动汽车充换电站 400 座、充电桩 1.9 万个，推广智能电能表 1.82 亿只。

## 2.5.2　试点项目和示范项目

（一）新一代智能变电站建设

新一代智能变电站具有近期以"安全可靠、运维便捷、节能环保、经济高效"、远期以"全面感知、灵活互动、坚强可靠、和谐友好、高效便捷"为分阶段的功能特点。

2013年，国家电网公司各部门和单位通力合作，成功研制了隔离断路器、一体化业务平台、站域保护控制装置等 19 类 107 种关键设备。至 2013年底，按计划建成了 6 座"系统高度集成、结构布局合理、装备先进适用、经济节能环保、支撑调控一体"的新一代智能变电站示范工程，包括上海叶塘 110kV 变电站、重庆合川 220kV 大石变电站、武汉未来科技城 110kV 东扩变电站、天津 110kV 高新园变电站、北京 220kV 未来城变电站和 110kV 海鹃落变电站。

(1) 建设成效。

新一代智能变电站示范工程建设任务在工程设计、设备研制和模块化建设等方面取得了突破。在工作组织体系、设计工作管理模式、设备研制工作平台、检测工作机制、设备交付模式及新一代智能变电站运维检修等方面积累了经验，并通过示范工程建设锻炼了公司设计、科研、装备制造、建设队伍。

新一代智能变电站实现了变电站设计理念、设备制造技术、工程建设技术重大突破。实现了分专业向整体集成设计理念的转变，实现了关键设备制造技术的突破，实践应用了模块化建设技术，实现了"占地少、可靠性高、造价合理"的建设目标。

(2) 推广建设需注意的问题。

国家电网公司 2013 年的 6 个示范工程涉及了 220kV AIS、GIS，110kV AIS、GIS 四类变电站。在实际运行过程中发现，尽管前期已经过检测调试，但在实际运行中仍会暴露出设计与设备存在的缺陷和不足。

2014 年，国家电网公司将启动 50 座新一代智能变电站扩大示范工程建设，对设计和设备提出了更高的要求。需要系统总结分析技术优缺点，针对设计、设备方面的不足，提出改进措施。

网络通信及保护技术、一体化业务平台、光学互感器等关键技术设备须继续深化研究，二次系统整体解决方案研究及设备研制新模式也将逐步探索。通过突破网络数据传输、设备功能集成、光学互感器应用等关键技术难点，将为新一代智能变电站运行的进一步优化打下基础。

(二) 浙江舟山多端柔性直流输电工程

柔性直流输电是新一代直流输电技术，也是当今世界电力电子技术应用领域的制高点，具有响应速度快、可控性较好、运行方式灵活等特点，适合于孤岛供电等多种场合。舟山五端柔性直流输电示范工程是世界首个五端柔直工程，采用±200kV直流电压，分别在定海、岱山、衢山、洋山、泗礁各建设一座换流站，另建设110、220kV交流线路共计31.79km，直流线路141km。

工程将建成舟山北部主要岛屿间的直流输电网络，实现多个海岛电网之间的直流互联和能量互通，灵活的输电方式将使各岛屿电网电能快速相互支援和调配，大大提升各岛屿供电的平衡性和可靠性，保障舟山群岛新区经济社会发展及居民生活用电需求，助推群岛新区建设。同时，工程极强的兼容性可有效消纳海岛风能、太阳能等新能源并网对电网系统造成的冲击，保障新能源发电的可靠接入，实现新能源的高效利用。

（三）智能电网综合标准化试点工作

2013年5月31日，中国电力企业联合会联合国家电网公司召开智能电网综合标准化试点工作启动会，正式启动了智能电网综合标准化试点工作。该次综合标准化试点工作选择新能源并网、智能变电站、智能调度、电动汽车充换电四个专业领域，依托国家、行业和企业各方面的力量，通过将技术成果尤其是自主创新成果转化为标准成果，形成国家标准、行业标准、企业标准相配套的智能电网专业领域技术标准体系。国家电网公司和南方电网公司都将承担大量的工作。

（1）新能源并网技术方面。

针对不同的新能源并网技术，在确定的新能源并网技术试点工程中，包括在原有的国家风光储输示范工程的基础上深化研究、以风光储输一体化为试点内容的张北国家风光储输示范工程，南方电网公司以光伏并网为主要试点内容的云南电网云电科技园200kW光伏并网示范研究工程，以及以风电并网为主要试点内容的华电虎林石青山风电项目和华能新能源陕西榆林狼尔沟分散式风电项目。

（2）智能变电站技术。

针对不同电压等级的智能变电站技术，包括国家电网公司负责的江苏溧阳 500kV 智能变电站和河南许昌兴国寺 220kV 智能变电站，以及南方电网公司负责的贵州六盘水 110kV 杨梅技改智能变电站建设。

（3）智能调度技术。

针对调度区域的不同，在确定的智能调度技术试点工程中，包括以网域智能调度为试点内容的华中智能电网调度技术支持系统工程、以省域智能调度为试点内容的四川省调智能电网调度技术支持系统工程，以及以地域智能调度为试点内容的河北衡水智能电网调度技术支持系统工程。

（4）电动汽车充换电技术。

在电动汽车充换电技术方面，以电动汽车与智能电网协作为试点内容的山东青岛薛家岛充换储放一体化示范建设项目作为此次智能电网综合标准化示范试点，具有典型的示范意义。

（5）国际标准输出。

在标准国际输出方面，智能电网综合标准化示范试点领域分五个方面，如表 2-1 所示。在智能电网综合标准化示范工程中包括以中国技术标准国际输出为试点内容的菲律宾 Antipolo 智能变电站建设。

表 2-1 智能电网综合标准化示范试点名单

| 序号 | 领域 | 试 点 项 目 | 试点内容 |
|---|---|---|---|
| 1 | 新能源并网技术 | 张北国家风光储输示范工程 | 风光储输一体化 |
| 2 | | 云南电网云电科技园 200kW 光伏并网示范研究工程 | 光伏并网 |
| 3 | | 华电虎林石青山风电项目 | 风电并网 |
| 4 | | 华能新能源陕西榆林狼尔沟分散式风电项目 | |

续表

| 序号 | 领域 | 试 点 项 目 | 试点内容 |
|---|---|---|---|
| 5 | 智能变电站技术 | 江苏溧阳 500kV 变电站 | 500kV 等级智能变电站 |
| 6 | | 河南许昌兴国寺 220kV 智能变电站 | 220kV 等级智能变电站 |
| 7 | | 贵州六盘水 110kV 杨梅技改智能变电站建设 | 110kV 等级变电站智能化技改 |
| 8 | 智能调度技术 | 华中智能电网调度技术支持系统工程 | 网域智能调度 |
| 9 | | 四川省调智能电网调度技术支持系统工程 | 省域智能调度 |
| 10 | | 河北衡水智能电网调度技术支持系统工程 | 地域智能调度 |
| 11 | 电动汽车充换电技术 | 山东青岛薛家岛充换储放一体化示范 | 电动汽车与智能电网协作 |
| 12 | 标准国际输出 | 菲律宾 Antipolo 智能变电站建设 | 中国技术标准国际输出 |

### 2.5.3　智能电网综合示范工程

　　为了指导智能电网综合建设工程的顺利进行，国家电网公司科技部（智能电网部）印发了《智能电网综合建设工程功能定位研究报告》《智能电网综合建设工程建设指导意见》《城市区域智能电网典型配置方案》的报告和文件，形成了完备的理论方法体系和工作指导方针，制定了多指标、多维度的建设方案审查和工程验收审查评分标准。

　　目前，在建和已完成的智能电网综合示范工程均严格按照设计规范、标准的验收和审批程序执行，对电力建设领域的其他项目具有一定的示范作用。同时，智能电网综合示范工程所展现的功能将会为其他电力建设项目的功能设计和互补设计提供重要的参考，其应用的试验性、示范性新技术将为其他电力建设项目的高质量建设与运行提供技术储备和试验田。

在 2009 年提出了智能电网发展战略之后，国家电网公司在综合与集成智能电网技术方面安排并开展了大量工作。截至 2013 年底，我国 20 余项智能电网综合示范工程相继完成了工程选址、论证和建设方案审查，且各项目均已进入工程实施阶段。其中，河南郑州、江西共青城、湖南韶山、浙江绍兴四项智能电网综合建设工程于 2013 年底之前按期投运。

（一）2013 年完成的四项综合建设工程

（1）郑州。

郑州新区智能电网综合建设工程是国家电网公司 2012 年安排的 17 个智能电网综合工程之一。国网河南电力公司按照国家电网公司"三个服务""三个阶段""三个参与"要求，紧密结合郑州新区发展规划，从 2010 年开始经过示范建设、专项建设和深化整合三个阶段，于 2013 年 6 月完成了 5 个环节 13 个子项建设。

建设过程中，国网河南电力公司深入探索智能电网综合工程技术路线，重点解决配电存在的突出问题，深化提升智能电网已建工程应用效果，创新性地建立省级智能电网发展状态评估体系，持续探索智能电网商业推广模式，积极争取政府支持，取得多项技术创新和科研成果。该公司从技术路线、建设理念、发展评估、商业推广、技术创新等方面，对智能电网综合工程建设进行了全面实践，建成了包括 13 个子项的智能电网综合建设工程。

该工程丰富了城市智能电网建设理念，解决了配电网突出问题，已建子项深化提升应用效果显著，建立了以"全景化监测、可视化展示和定量化评估"为特征的多信息源智能电网运营监测平台，工程的技术、创新、特色对引领中原经济区智能电网建设意义重大。

（2）共青城。

江西共青城智能电网综合示范工程包括清洁能源接入与储能系统、配电自动化、电能质量监测、用电信息采集、智能小区、电动汽车充电设施、营业厅互动化、应急指挥中心、物联网应用及通信信息网络、智能电网可视化平台共 10 个项目，建成后将集中展示智能电网信息化、自动化、互动化的先进特性。通过将先进的智能电网技术嵌入城市，带给人们全新的低碳生活方式，对其他城市和地区的复制、推广，具有显著的示范效应。

该项目的一个鲜明特点是将国家电网公司已经试点成功的智能电网技术集成到同一平台展示和应用，向系统化、实用化迈进了一步。

工程建成后，将把共青城建设成坚强、灵活、经济、兼容、集成的"生态型智能电网城市"，实现电网与自然生态环境的和谐发展，具有抵御大扰动及人为外力破坏的能力；实现资源的合理配置，降低电网损耗，提高能源利用效率；优化资产的利用，降低投资成本和运行维护成本；支持可再生能源、分布式发电的接入，能够与发电侧及用户高效交互与互动。

（3）韶山。

韶山智能电网的综合建设方案以韶山"红色圣地、绿色发展"为主题，将各建设子项目融入到景区的毛泽东纪念馆、图书馆、韶山宾馆、旅游综合服务中心及景区道路等地，既能为韶山社会经济发展保驾护航，推动韶山城市成为绿色发展的示范区，同时也是智能电网友好互动体验区，将对智能电网最新技术和成果起到良好的宣传和引领示范的作用。

韶山智能电网建设工程包括智能变电站工程、配电自动化工程、用电信息采集系统、光伏发电接入、电动汽车充电站、智能风光互补路灯工程、绿色智能电网分布式展示系统等。建设方案充分吸收国家电网公司在智能电网领域的最新技术和成果。

（4）绍兴。

总体目标：契合镜湖新区作为绍兴大城市的生态调节中心、休闲旅游中心和行政管理中心的规划目标，贯彻"能复制、能实行、能推广"的建设理念，建设具有信息化、自动化、互动化特征，包含电力系统各个环节，覆盖所有电压等级，实现"电力流、信息流、业务流"高度一体化融合的"城市绿心智能电网"，让电网和谐融入城市绿心。

技术思路：构建先进、坚强的电网网架和安全可靠、开放高效的通信信息网络，有机结合电力输送和通信信息技术，对电能双向传输、输变配及用电进行智能控制，实现能源供应体系、服务体系及管理体系信息高度集成和业务高效协同。研究应用科学适用的管理机制和商业模式，使智能电网建设模式和成果具有可操作性及复制性，可在浙江省乃至国网系统推广。

建设内容：完成镜湖新区智能电网综合示范工程建设，开展分布式电源接入、储能系统、输变电设备状态监测、智能变电站、配电自动化、电能质量监测和控制、用电信息采集、智能小区、电动汽车充电设施、智能电网综合应用展示、电力光纤到户、智能电网电力通信综合组网、智能化营配信息平台、智能配电网技术经济研究与应用等14项工程。

（二）2013年新启动的三个智能电网综合建设工程

（1）兰州新区智能电网综合建设工程。

兰州新区智能电网综合建设工程建设方案，立足"技术示范、满足需求、增值盈利"三个阶段，以"服务经济发展、服务节能减排、服务民生建设"三个服务为基本理念，高标准建设智能电网综合建设工程，发挥引领示范效应，实现"政府、电力公司、社会力量"的三个参与，项目主要涵盖了新区行政文化中心核心区域和高新技术产业组团，以及先进装备制造产业组团全部区域，覆盖面积约 40km²。主要包含清洁能源接入、智能变电站、配电自动化、微电网试验系统、配网生产抢修指挥平台、电能质量监测、用电信息采集、电动汽车充电设施、智能营业厅、智能园区及能效管理、信息通信平台和智能电网可视化平台等 12 个建设子项，着力构建安全可靠、清洁环保、透明开放、友好互动、经济高效的兰州新区电力供应体系和服务体系，更好地服务地方经济发展和兰州新区城市发展。

（2）西安高新区智能电网建设综合项目。

西安高新区智能电网建设综合项目总体目标是：在西安高新区逐步打造生态、节能、环保、自然、宜居、和谐的智能电网城市雏形，进一步推进坚强智能电网各环节关键技术的实践和推广应用；通过智能变电站与配电网网架结构升级建设，提高电网供电负载能力；通过智能配电网自愈技术及含分布式电源处理能力的配电主站系统升级建设、接地故障定位的试点建设，缩短区域电网故障维修响应时间，有效提高配电网供电可靠性，适应分布式电源的接入；通过用电信息采集、智能小区与智能用电营业厅的建设，开展智能用电服务，提升用户的智能化用电水平。最终形成以面向 GIS 故障抢修平台及客户服务平台的智能电网综合应用体系。

结合区域电网规划，西安高新区智能电网综合建设项目选定相关子项目开展建设。其中，面向配电网调控运行的有分布式电源接入、配电自动化与含分布式电源的配网自愈控制、配网生产指挥抢修平台、配电网接地故障定位 4 个子项；面向用电营销服务的有用电信息采集、电动汽车充电站、智能营业厅、智能小区 4 个子项；为支撑地区配用电发展、综合服务各个子项顺利开展，还将进行智能变电站、一体化通信平台 2 个子项建设。

（3）保定——中国电谷智能电网综合建设工程。

该工程在充分借鉴已有智能电网综合建设工程的基础上，紧密衔接保定电谷战略规划和功能定位，按照"政府、社会、电力公司多方参与"的建设原则，遵循"智能电谷　网架坚强　绿色低碳　品质互动"的建设理念，从提高电网的安全稳定运行水平和供电可靠性入手，实现用户与电网的互动，为用户提供清洁、优质的电力供应和舒适智能的居住环境。该工程包括清洁能源接入、智能变电站、输电线路在线监测等 12 个建设子项。

## 2.5.4　部分已投运智能电网工程的效果

（一）浙江绍兴镜湖新区智能电网综合建设工程

2013 年 5 月 22 日，浙江省首个智能电网综合建设工程在绍兴市镜湖新区建成，该工程集合了国内智能电网发电、输电、变电、配电、用电、调度各个领域的最新成果，包括 14 个子工程，整体水平在国内处领先地位。

镜湖新区智能电网实现了高低压设备的信息全采集和监控，当发生故障停电时，供电企业在客户故障报修前就能快速启动故障抢修。同时，配电自动化系统实现电网故障智能判断、快速定位、自动隔离和供电能力的迅速恢复，供电可靠率可提升至 99.99%，综合电压合格率提升至 99.9%。目前，该抢修服务覆盖新区 75 万客户，故障抢修平均到达现场时间缩短 34%，平均修复时间缩短 47.47%。

智能电网还给客户带来便捷安全、多姿多彩的智能用电生活。智能电表实现水、电、气三表数据的集抄和各个家用电器的用电查询、统计分析。智能用电交互终端实现远程对家用电器的用电控制和优化调整，并提供家庭安防、影音娱乐、商务应用及信息资讯服务。企业客户通过智能电网的应用，可享受到供电企业的能效分析和合同能源管理等服务，合理安排作业时间，降低电费支出。

智能电网不仅便利了百姓生活，更能有效缓解电力紧张状况，助推新兴产业的发展。绍兴电力局负责人表示，智能电网建设将带动上下游产业链的升级换代，推动光伏、风电装备、电动汽车、低碳环保、电子信息、通信、物联网等新兴产业的发展。

(二) 湖南韶山智能电网综合建设工程

为适应长株潭"两型社会"建设发展战略，推动韶山成为全省乃至全国绿色能源发展的示范区和智能电网友好互动体验区，湘潭供电公司自 2012 年开始建设韶山智能电网综合工程。工程共设 4 个子项目，分别是景区 110kV 智能输变电项目、配电自动化及生产抢修指挥平台项目、用电信息采集系统项目、绿色智能电网分布展示系统项目。

经过建设，景区 110kV 智能输变电项目于 2013 年 9 月 26 日投入运营，不仅就近解决了西部景区负荷，分担了东部城区 110kV 韶山变供电负荷，大幅缩短了 10kV 供电半径，而且还将满足韶山工业园近期迅速增加的用电负荷需求，大幅提高整个韶山电网的供电能力。

用电信息采集系统项目于 2013 年 10 月 15 日投入运营，目前已具备电量采集、线损分析、电费实时计算和自动停送电功能，将在保障社会稳定、实现居民阶梯电价、指导社会科学合理用电、推动节能减排、提升电网优质服务等方面发挥重要作用。

配电自动化及生产抢修指挥平台项目于 2013 年 10 月 30 日投入运营，建成后即实现了自动故障定位、故障隔离和负荷转供，将故障影响范围控制到最小，故障停电时间由以往的小时级缩短到分钟级甚至秒级。

建成后的绿色智能电网不仅能展示智能电网的先进技术和创新理念，直观体现智能电网对城市经济发展、节能减排、民生改善等的促进作用，更能迅速提高社会各界对智能电网的认知水平。

（三）河南鹤壁智能电网支撑智慧城市建设项目

智慧城市是城市发展和社会进步的方向，已经成为国家"转变发展方式、实现小康社会"的有效途径，得到政府、企业、公众等社会各界的广泛关注和积极参与，相关方案、规划和政策相继出台，推动了智慧城市建设的快速发展。智慧城市的良好发展态势，为智能电网与智慧城市的进一步结合创造了条件，为坚强智能电网全面建设的深入开展营造了良好的舆论环境、政策环境和发展环境。智能电网作为智慧城市的重要组成部分，它的良好快速发展可以更有利地支持和推动智慧城市的发展。

智慧城市建设对电网的需求主要包括：能源供应更安全、更可靠；分布式清洁能源接入更广泛，能源结构更优化；能源利用更高效，促进节能减排；城市有限土地空间资源利用更集约；城市通信资源整合更优化，助推"三网融合"；电网企业管理更高效，供电服务更优质；服务内涵更广阔，拓展增值业务；电网发展更智能化，实现能源与信息同步传输；信息化与电力工业融合更深入，推动相关产业智能化转型升级。

智能电网对智慧城市的支撑主要包括：①智能电网为城市提供可靠的电力供应，推动光伏、风能等新能源广泛接入支撑城市发展绿色宜居，95598 互动平台、智能小区/楼宇等试点支撑公共服务便捷友好；②在政府主导下，电网企业与电信运营商合作，以云计算、4G无线通信、物联网、电力光纤到户等技术为依托，共享共建城市通信接入网，助推"三网融合"，支持信息资源充分利用；③通过设备商、电信企业、电力用户等广泛参与智能电网的研究与建设，开展合作运营，为装备制造、电动汽车、智能家电等企业的技术水平提升创造条件，拉动城市就业，促进经济增长，支撑产业经济转型升级。

遵循智能电网支撑智慧城市建设理念，以需求为导向，注重项目效益，以提高清洁能源消纳能力、提升能效管理水平、提供安全可靠电能、丰富城市信息通信资源、开展数据挖掘分析、具备更强的互动能力和便捷服务为目标，以两个重点和四个支撑为纽带，来配置鹤壁智能电网支撑智慧城市示范工程项目。

该示范工程共包括 18 个子项，其中已建及在建项目 12 项，新建 4 项，扩建 2 项；支撑城市发展绿色宜居方向 5 项，支撑能源供给安全可靠方向 5 项，支撑信息资源充分利用方向 6 项，支撑公共服务便捷友好方向 2 项，支撑产业经济转型升级 1 项。

通过项目建设，鹤壁市的智能电网发展在技术应用方面实现了以下成效：

（1）提高电网安全稳定运行水平，初步实现智能化。

（2）实现电网管理的信息化和精益化。

（3）实现用户与电网的双向互动，有效提高设备利用率。

（4）提高资源优化配置能力，促进清洁能源发展。

（5）节约化石能源消耗，减少污染物排放。

（6）提高土地整体利用率，促进民生工程建设。

（7）提高供电质量，节省用电支出。

在商业模式方面，一是通过智能家居、工业园区智能用电、绿色数据中心等项目建设，为其提供电力定制、能效管理、能源审计、节能服务等新式服务，积极贯彻需求侧管理要求，进一步扩展电网企业的服务空间。二是鹤壁供电公司与鹤壁联通分公司就电力光纤到户通道资源出租签订合作协议，按 4∶6 进行分成，联通公司租用电力光纤资源，电力公司收取通道资源租赁费。该模式对电力光纤到户的建设与推广进行了探索。

在政策支持方面，鹤壁政府将智能电网建设项目纳入鹤壁智慧城市 2013 年建设内容，鹤壁公司领导作为鹤壁智慧城市建设领导小组成员。政府对电网建设在征地、通道等方面均给予有力支持。与此同时，鹤壁智慧城市展示大厅为智能电网建设预留展示位置，并为智能电网建设的各信息系统提供展示条件，出资建设所需的通信通道及展示设备。

# 3

专 题 研 究

## 3.1 智能电表

智能电表可以实现计量装置在线监测和用户负荷、电量、电压等重要信息的实时采集，及时、完整、准确地为有关系统提供基础数据，为企业经营管理各环节的分析、决策提供支撑，为实现智能双向互动服务提供信息基础。欧美等国的智能电网建设焦点集中在配电网，智能电表成为诸国部署智能电网建设的重要设备之一。

聚焦在停电次数的减少以及服务效率的提高等智能电表诸多直接经济效益上，美国通过政府补贴正在快速普及智能电表，2010 年安装数量已经超过了 1500 万块。主要电力公司都纷纷开展相关工作。2006 年 PG&E 启动了 SmartMeter™ 项目。根据项目计划，到 2011 年底，PG&E 已经完成 980 万块智能电表的安装，包括 530 万块智能电能表和 450 万块燃气表。在 2012 年，已经完成对所有用户的智能电表安装工作。根据 FERC 在 2008 年底的统计，大约有 8% 的美国用户参与了需求响应（Demand Respond，DR）项目，所有 DR 资源总共达到了 41GW（约 5.8% 系统高峰负荷），而智能电表的普及率达到了 4.7%。

在美国智能电表推进工作中，有三个方面值得特别关注和借鉴：

一是配合互动功能加以推广利用。美国在智能电表装设的同时，在智能电表内附带向家庭内信息终端（家内显示器）发送数据的通信模块，作为一种"家庭网关"来应用，进行需求响应的试验。试验中除了家内显示器之外，还为家用空调设有可以自动调整温度的恒温器。家内显示器还可表示不同时间段的电费，督促消费者在费用较高时自主切断设备电源实现节约。另外，直接向恒温器发送控制信号，调整空调温度，实现需求控制。

二是推广普及中引入第三方处理争议。PG&E 的智能电表计划在实施之后引起了一定范围的争议，很多用户反映安装智能电表之后其电费支出明显增加，部分美国管理机构成员也对这项计划产生了质疑，因此加州的公用事业委员会（CPUC）委托了第三方机构 Structure Group 对 PG&E 的智能电表计划进行了一次全面的调查。PG&E 的智能电表计划在实施之后引起的争议，以及引入第三方评估的做法有一定的借鉴意义。在推广智能电表过程中，不仅要保证智能电表本身质量和信息安全，而且还要注重加强对用户和公众的宣传教育，加强与第三方权威检测机构的合作，从而提高公司开展这项工作的公信力，并获取良好的外部舆论环境。

三是开展了用户充电行为调研，以需求反馈作为制定合理商业模式的基础。首先是充电数据收集。经用户同意，无需将电动车与充电站连接，只需向用户收集用户的所有电动车充电信息，包括充电时间、充电地点、电量水平等充电记录信息。这将有利于电力公司更好地预测未来用电量需求，设定电费，以及为充电基础设施设定最佳地点。其次是需求反馈。为选择该项服务的用户提供电动车充电管理。在用电量低峰期，尤其是在清晨时段，通过一系列折扣促销活动来吸引电动车主为其充电，电力公司能减轻用电负荷。

相比之下，2008 年，欧盟 11 个国家共同发起了 ADRESS 项目，目标是开发互动式配电能源网络，使居民用户和小型商业用户能更好地参与电力市场，并为市场参与者提供更多的服务。项目由 25 个合作伙伴联合承担，总预算 1600 万欧元，其中欧盟资助 900 万欧元，于 2012 年结束。智能电表成为了这一项目中的关键实施内容，到 2008 年累计安装了 3180 万块智能电表，覆盖面已达 95％，其余部分 2011 年完成。该系统在 2008 年进行了 2.6 亿次远程抄表、1200 万次远程管理操作。每块智能电表费用 70 欧元（包含相关后台系统和安装调试费用）。该项目投入 21 亿欧元。安装该系统后，每年节约 5 亿欧元，实际管理线损由 3％降低到 1％。

目前，意大利、瑞典几乎所有家庭都安装了智能电表。例如，意大利电力公司 ENEL，通过安装约 3000 万块支持双向信息传输的智能电表，就能够自动进行多达 2.1 亿次抄表。以每年节省约 5 亿欧元成本计算，该项目 21 亿欧元的初期投资可快速收回。此外，每位用户的年均服务成本也将从原来的 80 欧元降至 50 欧元。

德国斯图加特东部地区的电力公司目前也对传统电表进行了改造，全面引进西门子 AMIS 智能电表，并配备全方位的电表数据管理系统。该公司 90％的新电表可将数据上传至中央服务器，后者则负责处理海量数据。而数据传输基本上也是通过电力传输线，即经由电网本身实现的。

日韩也高度重视智能电表的重要基础设备作用。东京电力和关西电力等公司启动了智能电表示范项目，2009 财年投入约 10 亿日元，其中 METI 提供了 8 亿日元的补贴，该示范项目将持续到 2012 年。从 2010 年起，东京电力公司主要面向家庭安装 2000 万块智能电表。预计 2020 年前，日本智能电表需求量约为 5000 万块。此外，日本在智能电网建设中以家庭为单位进行太阳能发电。

东京电力还向该公司的电表供应商东光电气出资，设立了与合并东芝的电力、煤气及自来水等企业业务合并之后的新公司——东光东芝仪表系统。东京电力还公布了推进高功能型仪表开发的计划。

2009 年 6 月韩国政府确定在济州岛上开展智能电网示范工程（Jeju Smart Grid Test‐Bed），建设周期为 2009 年 12 月－2013 年 5 月，总投资约为 2.4 亿美元。该示范工程将主要用于先进智能电网技术的试验和研发，以及新商业模式的开发，包括在智能用电、智能交通、可再生能源、智能电力服务和智能电力网等领域。

在我国，截至 2010 年底，国家电网系统内共 26 个网省公司建设了采集系统主站，在完成试点的 220 万户采集终端和智能电能表安装的基础上，全年共新增采集用户 3503 万户，国家电网公司直供直管用户累计实现自动采集 4559 万户，覆盖率达到 26.4％。实施之后，用户可以通过用电采集系统或智能表计便捷查询电能消费情况，不仅有利于用户自觉节电，而且还为进一步根据电价信息参与需求侧管理奠定了基础。

我国与其他国家在智能电表部署和应用方面的比较如下：

（1）在高级测量体系项目方面，从已完成的工程规模看，我国在规模上居首位。欧美各国广泛开展了高级测量体系的研发和工程实践，投资效益好，取得了良好的效果；用电信息采集系统投资回报率较低，并在通信信道及主站系统方面投资比例偏低。

（2）在高级测量体系功能方面，欧美各国与国家电网公司智能电能表基本功能相同，如都支持双向有功计量、双向通信、多费率等。与欧美国家相比，我国的智能电能表具有费控、内置安全加密芯片的安全防护功能，但缺少与用户的通信接口，并且不做网关，不支持用户的家庭用能管理，也不支持停电信息自动上报。欧美高级测量体系除了具有用电信息自动采集、计量异常监测、电能质量监测、用电分析和管理等基本功能外，还支持配电自动化、停电管理、配网规划、窃电分析、资产管理等高级应用，高级功能对充分挖掘高级测量体系价值、发挥其效用方面作用很大。

（3）在高级测量体系技术方面，国内外技术关注点基本一致，但各有特点。欧盟窄带电力线载波通信、美国宽带无线通信和配用电终端一体化技术先进，实用性强。

在智能电表示范工程中，美国电力公司（American Electric Power，AEP）俄亥俄州智能电网示范项目（AEP Ohio GridSMART ® Demonstration Project）具有一定的代表性，一是因为其涉及用户较多（超过 10 万户），而且投资规模较大（超过 7500 万美元）；二是因为其辖区内有大量 13kV 和 34.5kV 的电力线路，包含各类工商业和居民负荷，客户服务需求多样化；三是因为其对智能电表示范内容的探索较为全面和深入，已经形成最终技术报告。因示范项目包含高级测量体系、用户系统、配电线路自动重构等九个技术示范领域，原技术报告较长，本书从与智能电表结合的紧密性和对我国电网发展借鉴性角度出发，节选高级测量体系（Advanced Metering Infrastructure，AMI）和用户系统（Consumer Programs）进行介绍，并展示在减少碳排放、降低 PM2.5、提高电网运营效率等方面的效果。

美国电力公司俄亥俄州智能电网示范项目（AEP Ohio GridSMART ® Demonstration Project，SMART ®）位于俄亥俄州中部和东北部地区，其服务用户、负荷、电量等基本信息如表 3-1 所示。

**表 3-1 俄亥俄州智能电网示范项目基本情况一览表**

| 名 称 | 数 量 | 名 称 | 数 量 |
|---|---|---|---|
| 社区居民 | 10 万 | 居民用电 | 120 万 MW·h |
| 工商业从业人员 | 1 万 | 工商业用电 | 100 万 MW·h |
| 负载峰值 | | 变电站总数 | 16 |
| 夏季 | 800MW | 配电线路总数 | 80 |
| 冬季 | 650MW | 配电线路总长度 | 3000mile |
| 电量销售总数 | 350 万 MW·h | 输电线路总长度 | 0 |

（一）高级测量体系

AEP 公司在该示范项目中安装了 11 万块智能电表，包括 10 万块居民智能电表和 1 万块非居民智能电表，功能包括四通道记录、电压检测和 Zigbee 通信等。高级测量体系不仅能提供远程抄表、远程断电、远程恢复供电等用户服务功能，而且可以通过远程抄表等减少上门服务的次数，减低服务车辆使用频率，对降低 $CO_2$、$SO_x$、$NO_x$、PM2.5 排放等方面起到促进作用。

（1）降低二氧化碳排放量分析。

2012 年 1 月—2013 年 12 月，SMART 项目每月碳排放减少量如图 3-1 所示。

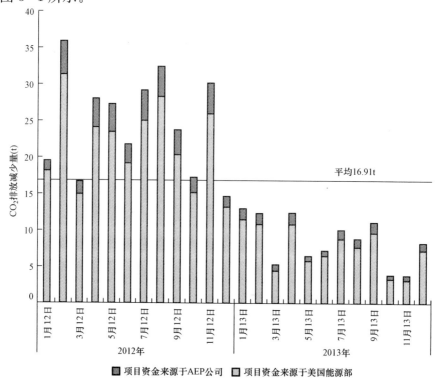

图 3-1    安装高级测量系统后二氧化碳排放的减少量（2012 年 1 月—2013 年 12 月）

GridSMART ® 项目的投资主要来源于美国能源部和 AEP 公司，图 3-1 中展示出了两个资助方在该项目的投资比例。

由图 3-1 可以看出，每月二氧化碳净排放量平均减少了 16.91t，全年共减少了 406t。通过高级测量系统，AEP 公司避免了电表的上门抄表服务，每月可减少 5694mile 的行车距离，由此可以计算出每年减少 68 326mile 的行车距离。根据美国环保局公布的相关数据（每英里行车平均产生 423g 二氧化碳），该技术的应用每月可减少二氧化碳排放 2.408t，每年可减少 28.903t。

（2）降低硫化物、氮氧化物和 PM2.5 排放量分析。

示范项目 2012—2013 年 $NO_x$、$SO_x$ 和 PM2.5 排放的逐月减少量如图 3-2 所示。

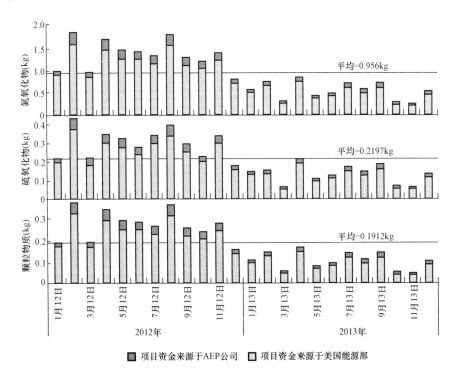

图 3-2　安装高级测量系统后的空气污染物减少量（2012—2013 年）

由图 3-2 可以看出，2012 年 1 月—2013 年 12 月，月平均 $NO_x$ 减少量为 0.956kg/月，共计 22.9kg；2012 年 1 月—2013 年 12 月，月平均 $SO_x$ 减少量为 0.220kg/月，共计 5.3kg；2012 年 1 月—2013 年 12 月，月平均颗粒物（PM2.5）减少量为 0.191kg/月，共计 4.6kg。

（二）用户系统

示范项目用户系统由 eView$^{SM}$、SMART Shift$^{SM}$、SMART Shift Plus$^{SM}$ 等子系统组成，旨在向消费者示范需求响应以减少能源消耗，降低负荷尖峰时段及化石燃料排放量，并积极引导消费者参与新商业模式以降低能源消耗及负荷尖峰。

（1）eView$^{SM}$。

eView$^{SM}$ 子系统包括一个室内用户终端（如图 3-3 所示）。该终端通过与智能电表交互，向消费者提供电能使用情况及计价信息，使消费者做出能源消费相关决定。通过 eView$^{SM}$，消费者可看到平均电价及已消费电量，并可打开或关闭家用电器。eView$^{SM}$ 可将电力使用情况及电力费用数据存储 30 天供消费者比较和估算自身电力消费情况。

图 3-3 室内用户终端

（2）SMART Shift$^{SM}$。

SMART Shift$^{SM}$ 子系统是一个消费者与售电公司的双边定价选项。SMART Shift$^{SM}$ 向消费者提供相关信息以使其在夏季时间（6—9

月）将用电转移至非高峰时段（高峰时段定义为工作日的 13—19 点）。通过该项目可以在降低用电尖峰的同时，使消费者通过调整用电时间降低电费支出。

（3）SMART Shift Plus <sup>SM</sup>。

SMART Shift Plus<sup>SM</sup> 的主要目的是进一步刺激消费者在夏季（6—9 月）用电高峰期调整用电行为。在该子系统中，消费者家中需安装可编程通信温控器（如图 3-4 所示），温控器采集并显示用电量信息及电费信息。通过温控器，可显示当前电力使用情况并提示消费者何时进入临界价格时段。

图 3-4　可编程通信温控器

当电力供应严重不足时，美国电力公司在 SMART Shift Plus<sup>SM</sup> 中定义了 15 个负荷尖峰电价时段，并且规定负荷尖峰价格时段每天不超过 5h。在这些时段中，电价很高以起到在此类时段降低消费者电力消费的作用。

表 3-2 为四个收费时段的相关信息，其中非负荷尖峰电价时段（低、中、高）价格差异不大，一般为几美分。

表 3-2　　　　　　　SMART Shift Plus<sup>SM</sup> 的电价分类

| 费率水平 | 时 间 |
| --- | --- |
| 低 | 午夜—上午 7 点<br>晚上 21 点—午夜及周末 |

续表

| 费率水平 | 时 间 |
|---|---|
| 中等 | 上午 7 点—下午 13 点<br>下午 19 点—晚间 21 点 |
| 高 | 下午 13 点—下午 19 点 |
| 负荷尖峰电价时段 | 根据规定，每时段最多 5h，每年 15 个时段 |

（4）Smart Appliances（智能家电）。

作为 SMART Shift Plus<sup>SM</sup>子系统的一部分，Amart Appliances 包含 33 个智能家电，如洗衣机、烘干机、吸油烟机、冰箱、电热水器等。这些智能家电与 SMART Shift Plus<sup>SM</sup>有通信线路连接，使消费者能实时观测智能家电所用电量，并且当 SMART Shift Plus<sup>SM</sup>检测到电价较高时，电器将作出相应响应。例如，当电价上涨或定义的负荷尖峰电价出现时，智能家电将作出如表 3-3 所示的响应。

表 3-3　　　　　　电价变化时智能家电的响应定义

| 如果 | 那么 |
|---|---|
| 当 SMART Shift Plus<sup>SM</sup>检测到价格上涨或开始负荷尖峰时段时，电器并未运行 | 除非客户使用电器控制装置重新设定程序，否则电器将停止运行 |
| 当 SMART Shift Plus<sup>SM</sup>检测到价格上涨或开始负荷尖峰时，电器已经处于运行状态 | 电器进入节能模式，降低电能使用。如有必要，客户可以使用电器控制装置重新设定程序 |

（5）SMART Cooling<sup>SM</sup>。

SMART Cooling<sup>SM</sup>为直接负荷控制子系统。它可使电力公司在用户允许的前提下通过远程调节可编程通信温控器控制消费者住处的电力需求。当负荷尖出现在 5—9 月的中午到晚 20 点之间时，美国电

力公司定义了 15 类非紧急事件。在这些事件中，美国电力公司远程
调节参与 SMART Cooling 的消费者的可编程通信温控器显示当前激
励措施。如果消费者选择相应此激励措施，就会得到电力公司的相应
补偿。

（6）SMART Cooling Plus$^{SM}$。

SMART Cooling PLus$^{SM}$ 子系统是 SMART Cooling PLus$^{SM}$ 的扩
展。其通过在可编程通信温控器上安装负荷控制开关来控制电热水、
水泵等负荷，从而实现额外的需求响应。参与该子项目的消费者通过
允许电力公司开断这些负荷来获得额外的补偿，同时消费者有权利随
时选择退出。

（7）SMART Choice$^{SM}$。

该子系统可为消费者提供当前 5min 内的电力供需信息，并使消
费者能够通过家庭能源管理器和加强型可编程通信温控器参与到电力
实时竞价当中。

用户系统在降低负荷尖峰、$CO_2$、$NO_x$、$SO_x$ 以及 PM2.5 减排
方面的效果阐述如下。

（1）降低负荷尖峰。

SMART Cooling Plus$^{SM}$ 的直接负荷控制和 SMART Shift Plus$^{SM}$
负荷尖峰电价对负荷尖峰的降低作用，如图 3-5 和图 3-6，以及表
3-4和表 3-5 所示。

表 3-4　　2012 年 6 月 21 日直接负载控制时段汇总

| | |
|---|---|
| 平均负载减少量 | 1.338kW/客户 |
| 峰值负载反弹 | −0.605kW/客户 |
| 时段能量 | 2.676kW·h/客户 |
| 反弹电量 | −2.422kW·h/客户 |

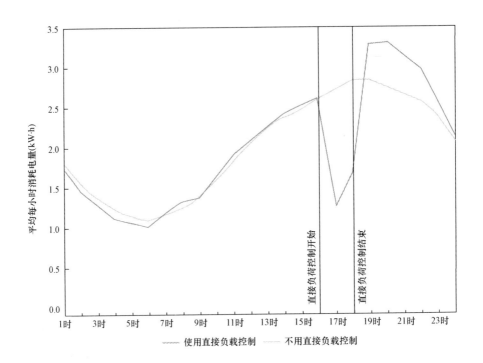

图 3-5　SMART Cooling Plus<sup>SM</sup> 的直接负荷
控制效果（2012 年 6 月 21 日负荷曲线）

表 3-5　　2013 年 7 月 17 日关键峰值定价事件汇总

| | |
|---|---|
| 平均负载减少量 | 0.338kW/客户 |
| 峰值负载反弹 | −0.484kW/客户 |
| 时段能量 | 1.352kW·h/客户 |
| 反弹电量 | −1.919kW·h/客户 |

通过观察，工业、商业和居民用户对直接负荷控制和负荷尖峰电
价的反应基本相同。在图 3-5 和图 3-6 所示的两组试验情况下，试
验的时长对负荷峰值有明显影响作用：若时长为 2h，用户平均用电
量将下降 1.2～1.3kW；若时间时长为 4h，该数值会减至 0.6～

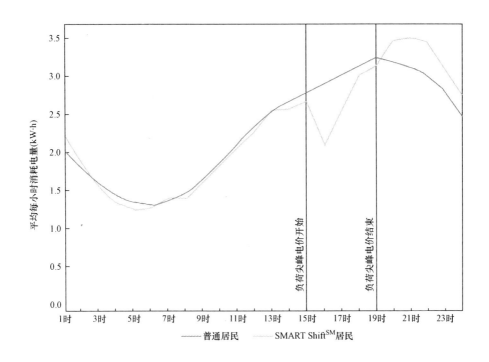

图 3-6  SMART Shift Plus<sup>SM</sup>负荷尖峰电价

效果（2013 年 7 月 17 日负荷曲线）

0.8kW 的范围内。

（2）降低 $CO_2$ 排放量分析。

用电量减少或不同时间段内变化用电方式对于排放源排放的二氧化碳量有一定的影响。与固定电价相比，SMART Shift<sup>SM</sup>、SMART Shift Plus<sup>SM</sup>和 SMART Choice<sup>SM</sup>子系统配合分时段电价（TOD）和分时段电价且负荷尖峰电价（TOD/CPP）对降低 $CO_2$ 排放有显著作用，不同子系统的 $CO_2$ 减排效果如图 3-7 所示。

总体上，因为分时段计费（TOD）和分时段且参与负荷尖峰电价（TOD/CPP）两种模式下的用户要比按标准收费的用户使用较少的电能，所以前两者也排放较少的二氧化碳。通过计算可知，利用用

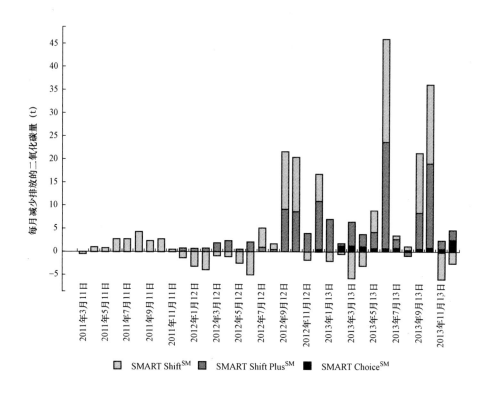

图 3-7 SMART Shift$^{SM}$、SMART Shift Plus$^{SM}$和
SMART Choice$^{SM}$情况下每月减少/增加的 CO$_2$ 排放量

户系统可减少二氧化碳排放近 196t。就目前数据看，分时段计费 (TOD) 模式在夏季可以促进电能节约，而由于冬季电能价格低于标准收费，所以用户用电量会稍有增加，这也将增加二氧化碳的排放量。分时段计费（TOD）和负荷尖峰电价（CPP）两种模式对新用户的二氧化碳排放量减幅较小，而在使用数月之后，二氧化碳排放量减幅逐渐增大，这是因为随着用户对用户系统的熟悉，其更加明白如何调整用电方式以达到电能节约最大化。

（3）降低硫化物、氮氧化物和 PM2.5 排放量分析。

用电量减少或用电方式的转变对于排放源的污染物排放量会有影响。与固定电价相比，SMART Shift$^{SM}$、SMART Shift Plus$^{SM}$ 和

SMART Choice$^{SM}$子系统配合分时段电价（TOD）和分时段电价且负荷尖峰电价且（TOD/CPP）对降低硫化物、氮氧化物和PM2.5排放有显著作用，不同子系统对相应污染物的减排效果如图 3-8 所示。

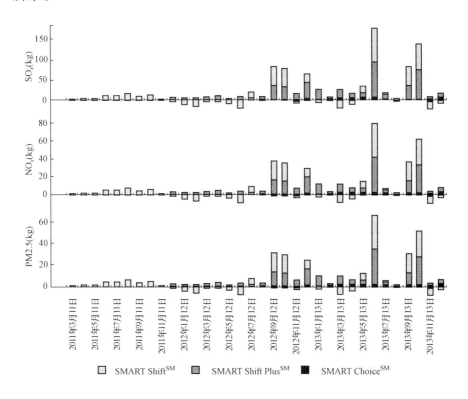

图 3-8　SMART Shift$^{SM}$、SMART Shift Plus$^{SM}$和 SMART Choice$^{SM}$

情况下每月减少/增加的 SO$_x$、NO$_x$ 和 PM2.5 排放量

与降低二氧化碳排放一样，分时段计费（TOD）和分时段计费且负荷尖峰电价（TOD/CPP）两种模式下的用户整体消耗电能都比较少。比较这两种情况下用户的用电量和标准收费用户的用电量可知，用户系统可减少 SO$_x$ 排放量近 749kg、NO$_x$ 约 335kg 和 PM2.5 排放量约 284kg。与之前 CO$_2$ 排放分析类似，分时段计费（TOD）

在夏季可以促进节约电能，但是到冬季时电能价格较标准收费低，导致用户用电量会稍有增加并导致污染物排放量的增加。

由于智能电表在节约用电、削峰填谷等方面的积极作用，是实现智能电网效益的重要拼图之一，而随之而来的信息安全问题也得到关注。智能用电互动化的实现需要大量使用现代化的通信技术，这就增加了潜在的网络攻击的可能性，而恶意的网络攻击会直接影响用户和电网的安全可靠性。而智能电表等设备不但能够跟踪、记录和显示一个家庭的用电情况，还可以获取其他包括用户使用的电器品牌、用电习惯等信息，有可能导致终端用户隐私泄露，带来用户与公司之间的不信任感，给电力公司的经营发展带来负面的作用。因此，网络安全风险、信息安全风险及终端用户的隐私安全风险是影响智能用电互动化发展面临的主要安全风险。

## 3.2 微电网

（一）微电网总体发展情况

分布式电源的接入，给电网带来了深刻影响，使配电网的运行、控制、保护面临新的挑战。为了解决这些问题，国内外的电力公司、高校、科研院所对分布式供电技术和微电网技术进行了广泛、深入的研究。随着新能源发电技术发展，微电网技术的研究应用在全球日益受到关注。

国外在微电网技术领域的研究起步较早，美国、欧洲、日本都在该领域进行了大量的研究，开展了示范工程建设。根据美国 Navigant Research 研究结果，截至 2013 年第一季度，全球共有规划、建议、在建及示范运行的微电网项目 480 余项，总装机容量接近 380 万 kW。其中，北美在全球的微电网市场份额最大，共有 208.8 万 kW，其中示范运行 145.9 万 kW，具体如图 3-9 所示。

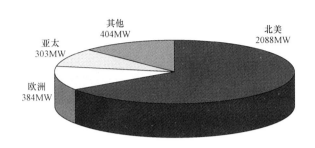

图 3-9 微电网项目容量全球分布

目前，微电网的发展主要以关键技术研究和以技术验证为目的的示范应用为主，尚无统一的定义和技术标准，也未实现商业化运行。从全球来看，目前微电网仍处于以关键技术研究和技术验证为目的的试验示范阶段，并没有商业化运行经验，但都在积极开展微电网试验示范和研究。

目前微网主要建在岛屿等偏远地区，容量小，一般在千瓦级，以燃气为基础的冷、热、电联产为主。微网计量与补贴方面，美国43个州光伏并网计量方式采用净电量方式，德国、日本是补贴设备和电费方式。

我国微电网处于起步阶段，主要以试点项目为主，主要是国内大型能源和电网企业参与微电网示范工程建设以及相关技术的研究。例如，国家电网公司已陆续做了中新天津生态城智能营业厅微网示范工程、北京左安门智能公寓、河南财专分布式光伏发电及微网运行控制试点工程、玉树州"金太阳"水光互补微网发电工程和张北风光储科技示范项目等微电网项目，新奥集团也建设了河北廊坊未来能源生态城微电网综合示范工程等。由于当前投资成本高且无合适的商业模式，前瞻产业研究院认为未来2～3年微电网将仍处于试点阶段。

与发达国家相比，我国对分布式发电和微电网的研究起步相对较晚，已经初步建立了关键技术研究体系。电网公司、高校、研究机构开展了微网体系、关键技术等研究工作，并取得了阶段性的研究成果。多个高校和研究机构在国家 973、863 计划等的支持下开展了相关研究工作。清华大学、天津大学、合肥工业大学、中科院电工所、国网电科院、浙江省电科院等科研单位分别建设了微电网实验室试验系统。开展了微电网控制系统、微电网能量管理系统等关键装备开发。国家电网公司、国电投资、天津大学等开展了微电网试点建设工作，主要用于验证微电网技术可行性，在商业化运营方面缺乏经验。

国家已启动微电网发展，但尚未建立有关微电网建设和运行的管理机制，微电网建设运营缺乏相关政策和规范的指导。2012 年 3 月，能源局委托中科院电工所、天津大学等科研机构开展《中国"十二五"微电网发展战略研究（暨实施方案建议）》课题研究工作，并形成《中国"十二五"微电网示范实施方案建议》。该实施方案建议中提出"十二五"期间在全国推广建设 30 个微电网示范工程，包括 10 个离网型微电网和 20 个并网型微电网。2012 年 7 月，国家发展改革委发布《可再生能源发展"十二五"规划》和《太阳能发电发展"十二五"规划》，提出到 2015 年底建设 30 个新能源微电网示范工程。但目前我国尚未建立配套政策和管理规范。

国内已建和在建的微电网试点工程有 14 个，其中国家电网公司建设的试点工程有 11 个，南网、国电、兴业太阳能公司各 1 个。这些试点工程特征有：①电压等级都比较低，10 个 380V，4 个 10kV；②规模都比较小，10 个 1MW 以下，4 个 5MW 以下；③涵盖不同类型，其中城市并网型微电网 8 个，包括河南郑州财专光储微电网试点、佛山冷热电联供微电网等，偏远农牧区并网型微电网 2 个，包括河北承德村

庄微电网试点、蒙东陈巴尔胡旗微电网，海岛地区离网型微电网 4
个，包括浙江南麂岛微电网试点、广东珠海东澳岛微电网试点等。

目前试点工程的建设主要用于微电网关键技术的研究验证，但从
实际应用效果看，关键技术还不成熟。由于缺乏实际的需求，大部分
试点工程在交换功率控制、并网和离网无缝切换、能量优化管理等关
键技术实现方面还很不成熟，不能满足大规模推广应用的需求，绝大
多数微电网无法实现对风机、光伏发电的控制，大多数微电网无法实
现并离网的无缝切换，或实现方式过度依赖储能电池的配置等。国内
微电网工程如表 3-6 所示。

（二）微电网的投资建设主体

微电网的快速发展并最终实现商业化运营，离不开国家的积极支
持和全社会的多方参与。微电网的商业运营，也是不同参与主体在差
异化利益诉求的博弈过程中，不断寻找适合自身发展的必由之路。

按照投建和使用者相分离的划分规则，可以对各参与主体进行归
类划分。以下依照微电网的"投建者"和"使用者"来区分，这样使
得对微电网参与者的"兴趣点"和"利益驱动点"的分析更加清晰。
对微电网的参与主体进行初步划分标准是：投建参与者依照主体的
基本背景进行分类，而使用者按照微电网用户侧所在地区及电力需求
的特点来进行划分。依照出资人的不同背景来划分的微电网的参与主
体，着重是为了体现各方参与者的不同利益诉求。

（1）政府所属国资运营公司。

政府所属国资运营公司主要是各级地方政府的资本运作平台。这
类公司是政府国有资本的投资运营平台，主要经营活动接受政府授
权。作为政府产权投资主体，以国有资产投资、控股、参股、产权出
让等为手段，从事资产运营、监督、管理，促进国有资产保值增值，
例如国有的电网公司。

表3-6　国内微电网工程

| 工程 | 简要说明 | 电源类型+容量 | 储能类型+容量 | 接入电压等级 | 并（离）网 | 投资和运行机构 |
|---|---|---|---|---|---|---|
| 河南财专光储微电网试点工程 | 财政部、住房建设部确定的太阳能光电建筑应用试点项目，以河南财专校屋顶光伏项目为依托结合开展。于2010年上半年开工建设，目前已安装调试完成 | 光伏：80kW | 电池储能：2×100kW·h | 0.4kV | 并网+离网 | 河南财专国家电网公司 |
| 天津中新生态城智能营业厅微电网试点工程 | 国家电网智能电网首批综合试点重点工程。微电网以智能营业厅为依托，装机规模35kW | 光伏：30kW，风电：5kW | 锂电池：25kW×2h | 0.4kV | 并网+离网 | 国家电网公司 |
| 蒙东陈巴尔虎旗赫尔洪德移民村微电网工程 | 国家电网公司智能电网建设项目。在陈巴尔虎旗赫尔洪德移民村选取24户居民和挤奶站作为微电网负荷，建设并网型微电网试点工程，主要研究并网型微电网 | 光伏：30kW，风机：20kW | 42kW×1h 锂离子电池 | 0.4kV | 并网+离网 | 国家电网公司 |
| 北京左安门微电网试点工程 | 北京市电力公司按照国家电网公司建设智能电网的总部部署和产业发展技术要求，结合北京市新能源技术及产业整体具有信息化，自动化、互动化特征的可靠、灵活、高效、集成的智能用电小区试点展示项目 | 光伏：50kW；三联供机组：30kW | 72kW·h 铅酸电池 | 0.4kV | 并网+离网 | 北京市电力公司 |

续表

| 工程 | 简要说明 | 电源类型+容量 | 储能类型+容量 | 接入电压等级 | 并(离)网 | 投资和运行机构 |
|---|---|---|---|---|---|---|
| 广东佛山冷电热电联供微电网系统 | 国家863项目。以局季华路变电站大院的建筑楼群为依托，为一个基于兆瓦级燃气轮机的高效天然气电冷联供试点系统，研究重点为基于燃气轮机的分布式供能单元关键技术 | 3台CCHP燃气轮机，总发电量570kW，最大制冷量1081kW | 无 | 0.4kV | 并网+离网 | 南方电网公司 |
| 广东珠东澳岛风光柴蓄微电网 | 2009年国家"太阳能屋顶计划"政策支持的项目之一，由兴业太阳能公司投资建设运营。该微电网包括发电单元、储能单元和智能控制，多级能网的安全快速切入或切出，实现了微能源与负荷一体化，清洁能源的接入和运行，还拥有本地和远程的能源管控制系统 | 光伏：1.04MW；柴油机：1220kW；风机：50kW | 铅酸蓄电池：2000kW·h | 10kV | 离网运行 | 兴业太阳能公司 |
| 浙江东福山岛风光储柴及海水淡化综合系统项目 | 由中国电浙江舟山海上风电开发有限公司投资建设。该微电网属于孤岛微网发电系统，采用可再生清洁能源为主电源、柴油发电为辅的供电模式，为岛上居民负荷和一套日处理50t的海水淡化系统供电。工程总装机容量510kW | 风机：210kW；光伏：100kW；柴油机：200kW | 2000A·h蓄电池 | 0.4kV | 离网 | 国电浙江舟山海上风电开发有限公司 |
| 河北廊坊新奥未来生态城微电网 | 新奥未来生态城是新奥能源集团(廊坊)为展示其未来科技品牌而建设的多能源综合利用示范点工程。微电网以生态城智能大厦为依托，是生态城多能源综合利用的基础试验平台，装机规模250kW | 光伏：100kW；三联供机组：150kW；风机：2kW | 100kW×4h锂离子电池 | 0.4kV | 并网+离网 | 新奥能源集团 |

利益诉求：其不以最大化商业利益为目标，而是追求项目对新兴能源产业的引领意义、带动作用和示范效果及其他政策效应。

技术水平和资金：电网公司作为服务全民的公用事业类型公司，直接运营与维护整个电网系统，具有强大的技术和资源支撑以及丰富的管理经验，具有投资额度大、资本到位及时、有政府信用担保等特征，也具有技术优势和人才优势。

特点：有利于电网安全稳定和建设智能电网，便于统筹协调电源与电网间的利益冲突，实现统一规划、统一标准。

（2）能源及新能源产业链相关者。

主要包括传统能源产业及新兴能源产业链条上各个环节中的参与者。可以是火电、水电、核电企业、电网企业，也可以是风电、光伏、生物质能等新能源产业链上的具备相应资质的各类参与者，如光伏电池组件生产者。

利益诉求：这类投建者主要追求合理的社会平均利润水平，通过微电网的建设过程，整合自身的各类资源，或通过完成可再生能源配额任务来加强自身主业建设，或增强自身在产业链中的垂直一体化垄断优势。

技术水平和资金：通常其资本基本有保障，能够实现一定的经济利益，具备项目实施的技术优势和资源整合优势，对产业发展有较为明确的思路。

特点：能源及新能源产业链相关者不易协调产业链上不同环节之间的利益关系。这类企业可以在电网公司的主导下，以参股、产权出让等手段，参与微网建设。

（3）资本市场投资者。

这一类投建主要包括在资本市场中从事相关产业投资的投资者，包括上市公司、私募股权投资、风险投资、信托基金、产业投资基金等。

利益诉求：其投资目的主要是追求资本市场的超额利润。对上市公司而言，在以新兴能源产业（新能源、智能电网）作为公司经营战略目标的同时，更加注重项目的融资性特征和股价的溢价收益。对于私募股权投资、风险投资等而言，侧重于在项目运作的退出机制和环节中获取超额利润。追求利润的最大化，需要协调不同投资人的利益。

特点：受产业发展及政策环境影响，投资具有较大风险性。这类企业可以在电网公司的主导下，以参股的方式参与微电网建设。

（三）微电网使用者

微电网适用于以下三种情况：

（1）满足高渗透率分布式可再生能源的接入和消纳。当局部地区的分布式发电规模较大、微型分布式电源较多、对现有配电网运行控制造成较大影响时，则可以考虑采用微电网等先进技术手段，消除高渗透率分布式可再生能源接入带来的负面影响。

（2）解决与大电网联系薄弱偏远地区的供电问题。对于经济欠发达的农牧地区、偏远山区及海岛等地区，与大电网联系薄弱，大电网供电投资规模大，供电能力不足且可靠性较低，部分地区甚至大电网难以覆盖，采用微电网技术可解决这些地区的供电问题。

（3）满足对电能质量和供电可靠性有特殊要求的用户需要。配电网中的关键用户如工厂、医院等，对电能质量和供电可靠性要求较高，不仅要提供满足其特定设备要求的电能质量，而且还要能够避免暂时性停电，满足重要负荷不间断供电的需求。采用先进微电网技术可提高供电可靠性。

微电网的使用者主要包括以下三类：

（1）企事业单位和重要工业用户。

这类使用者中通常用电负荷较大，微电网提供部分的电能，这一类用户通常包含有对供电可靠性要求很高的负荷，追求综合能效和成本下降。正常情况下，微电网与大电网并联运行，而大电网故障时则与之断开进入孤网运行模式，以提高重要负荷的供电可靠性和电能质量。特别是在特大自然灾变条件下，能够保证重要负荷的供电。

这类微电网一般接在 10kV 中压配网甚至更高，容量在数百千瓦至十兆瓦，在目前技术条件下，微电网很难满足该类企业对电力安全性和可靠性较高的需求，大电网要为这类企业提供很大的备用容量，这样会增加企业成本，造成电价升高。

（2）城市居民使用者。

城市居民使用者中通常包含较多的用户个体，具备较高支付意愿和能力，对供电质量的要求较高。微电网的负荷在一天当中，随着时间的变化，有较大的波动，特别是对于由光伏发电系统作为电源的微电网，其发电时间和负荷的高峰不相一致，因此这类微电网，需要电网给予更多的支撑服务。同时，这类微电网应配备储能系统，平滑有功功率的波动，以减少对电网安全稳定的影响。但目前储能技术不成熟，成本高。

（3）偏远地区使用者。

偏远地区使用者通常资金支付能力较低，并且对供电质量不敏感。目前我国在海岛、草原、山区等偏远地区仍有大量人口没有供电，这些地区电力需求较低，将电力输、配系统延伸过去需要很大的成本。而微电网应用和地点具有灵活性，所以适用于以较低成本利用当地可再生能源为用户供电。该类微电网一般接在 400V 低压配网上，容量在数千瓦至数百千瓦，多用于解决当地用户的用电需求。偏远地区微电网使用者，其微电网与外网功率交换很少，基本通过当地分布式电源供电，微电网的电力基本能够保证在网内消纳，而微电网故障时可利用大电网作为备用电源。偏远地区的可再生能源丰富，可以充分利用当地的风能、太阳能、沼气资源发电，建设微电网为附近的居民供电，能够很好地解决偏远地区无电村和无电户的供电问题，促进农村电气化的进程。

（四）微电网的运营模式

（1）合同能源管理的模式。

业主通过与能源服务公司签订合同来进行能源管理，即合同能源管理模式。在这种方式中，分布式能源项目由业主投资，项目建成后聘请或采用能源服务的方式，由专业机构如能源服务公司负责设备的运行和维护。由节能服务公司与业主签订节能服务合同，可以通过使用分布式能源设备来提供业主的能源使用效率，降低用户的能耗。节能服务公司提供的合同能源管理包括项目设计、项目融资、设备采购、施工、设备安装调试等节能服务，并通过从客户进行节能改造后获得的节能效益中收回投资和取得利润。这种模式主要存在于已有项目的改造或者是天然气分布式能源项目。例如，法国苏伊士能源服务公司项目遍及全球 30 余个国家，2007 年能源服务业务收入达 140 亿欧元。主要业务基于与客户的长期合同，包括区域集中冷热供应和冷热电联产项目的设计、建造和运营，以及工业用户的能源采购外包。

（2）用户自建自营的模式。

业主自行投资，并负责日常维护。用户自建模式下，微电网建设主要满足用户侧电力需求。微电网的负荷集中于用户侧，其发电也主要由网内用户直接消纳。这一模式主要是为了满足较为特殊的用户需求，投资经营可由微电网实际使用者来完成，用户根据自身电力消费需求的实际情况来进行成本核算，微电网并网及余电上网不一定是用户侧主要追求的目标。这种模式主要存在于自备电厂和可再生分布式能源的项目中，其初始投资相对较小，日常维护相对简单，并且富余电量一般采用直接上网方式。

（3）电网企业运营的模式。

1）模式特征。

微电网建设与电网企业的配网建设密切相关，同时项目本身可能是可再生能源发电项目的组成部分。在电网企业主导模式下，微电网所有权及经营权同时归属电网企业。项目周期中，电网企业需要承担相应的管理和经济责任。用户可以是海岛或偏远地区用户，相对而言用户在项目中的主导作用不强。

2）较强的技术和资源优势。

在我国目前电力体制改革的背景下，电网企业在微电网的建设运营过程中具备得天独厚的优势。微电网建设作为电网企业自身发展的重要组成部分，与电网企业的配网建设密切相关。由于电网企业的主要经营活动包括电网的建设和管理，因此在技术、资源、人才及管理经验方面有其他微电网投建主体无法比拟的优势。在微电网运营阶段，具有更强的资源整合优势，如并网、余电上网、电力回购、运行维护等环节，更容易保证微电网的安全可靠经济运营。

3）消费者认同。

由于一直以来消费者的电力需求都是由电网企业承担，电消费者对其有了很大的信任和依赖性，由电网企业来主导的微电网也更容易被消费者接受，有利于微电网的发展与推广。

4）强调政策或示范意义。

微电网项目可能是电网企业自身发展战略及发展规划组成部分（如配额要求），项目基本能够确保获得国家政策补贴。但电网公司属于国家公用事业类型公司，需要承担更多的公益性角色，因此项目可能面临政策性经营亏损的局面。微电网建设可能较多地依托于政府特许权招标项目及示范工程项目，项目的政策意义、社会效应可能要超过项目本身的收益。

5）适用微电网类型。

在电网企业主导模式下，微电网所有权及经营权同时归属电网企业，电网企业运营模式如表3-7所示。在项目周期中，电网企业需要承担相应的管理和经济责任。用户可以是城市片区或偏远地区用户，相对而言用户在项目中的主导作用不强。

适用于大电网供电区域内，分布式光伏发电、分布式风机占电源比重较大的微电网，包括由电网公司投资建设的微电网，以及由发电企业、分布式能源设备制造商投资建设的微电网。有利于发挥电网公司在电网运行控制方面的优势，在保证微电网用户能源需求的同时，提高电网运行的安全性和供电的可靠性。

表 3-7　　　　　　　　电网企业运营的模式

| 所有权 | 经营权 | 适用微电网类型 |
|---|---|---|
| 电网企业、分布式能源项目业主 | 电网企业 | 大电网供电区域内，分布式光伏发电、分布式风电占电源比重较大的微电网 |

6）收益分析。

在电网企业运营的模式下，电网公司既是电网运营商，也是微电网运营商。电网企业具备微电网运营技术管理的独占优势，整个微电网可以在电网企业成熟完备的管理下有效运营，用户侧电力消费需求能够得到较为充分的满足。①用户与电网公司之间进行电力交易。②电网公司向微电网提供并网服务和备用服务。微电网产权所有者向电网公司支付备用服务费用和接网费用。

（4）分布式能源项目业主运营的模式。

由分布式可再生能源发电项目的投资者，对分布式可再生能源项目所在地的微电网建设进行投资经营的项目模式。投资者主要是从事分布式能源项目的股权投资者。投资者依据出资享有对微电网的所有权、经营权和收益权。这种模式是以追求利益最大化为目的的，不利于有序推进、统一规划、统一标准、统一调度及电网的安全稳定。

（五）微电网投资收益构成

微电网涉及电源、电网和用户，考虑到分布式供电系统接入不应对用户产生影响的前提，微电网投资收益的研究应关注电源和电网。在我国现有的社会经济发展阶段，电力需求增长速度很快，微电网引起的延缓投资和降低线损等其他收益基本难以体现，因此现有阶段下微电网投资收益的关键要素主要还是投资成本。按照微电网各个阶段进行划分，投资成本主要包括本体成本、并网成本和运维成本，其中本体成本和并网成本属于一次性投资类型，运维成本属于年度支出成本。微电网投资收益如图3-10所示。

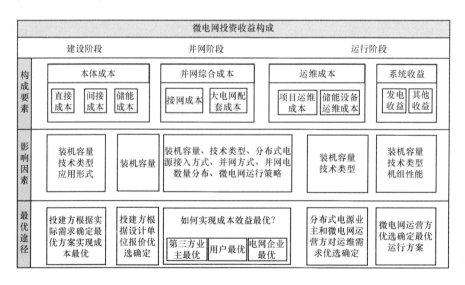

图3-10　微电网投资收益

（1）本体成本。

微电网本体成本主要指微电网及分布式电源项目本体规划、建设、调试等引发的成本，可分为直接成本和间接成本，直接成本主要包括设备采购、施工调试、土地基建等费用，间接成本包括咨询设计、项目审批、税费等部分。微电网本体成本是分布式供电系统成本最为重要的部分，占比较大，通常超过90%，对分布式供电系统的成本效益产生最为直接的影响。

本体成本受项目装机容量、技术类型、应用形式等多方面因素影响。目前来看，装机容量越大，总投资越大，但单位容量投资会相对变小，尤其是分布式天然气供电系统这类电机类型的分布式供电系统，分布式光伏发电系统依靠光伏组件的串并联发电，具有模块化特性，单位容量投资受装机容量影响不大。此外，应用形式的不同也会影响系统的结构，对系统总投资产生影响，例如分布式天然气供电系统有区域式和楼宇式两种，分布式光伏供电系统包括屋顶一体化和建筑一体化。

（2）并网成本。

微电网既有电源的性质，也有用户的性质，具有多种典型的接入系统设计方案，与分布式供电系统技术类型、装机容量、出力和负荷特性的匹配度有较大关系。按照类型来分，并网成本包括微电网的接网成本等。

1）微电网侧接网成本。

微电网侧接网成本指微电网接入电网运行时，为了满足电网安全运行和用户供电可靠性的需要，在公共连接点靠微电网侧所需要安装的必要设备，通常安装在并网点附近。这些设备包括一次设备、二次设备和通信设备，根据不同的情况可能含有断路器、同期装置、频率电压异常紧急控制装置、远程监测和控制系统等。

按照"谁受益，谁投资"的原则，微电网侧接网成本由微电网经营业主来投资建设和维护，按照已有项目来看，占比一般为项目本体投资的 $2\%\sim5\%$。

2）电网侧接网成本。

电网侧接网成本指为满足微电网接入电网以及两者安全运行需求，在公共连接点靠电网侧所需要安装的必要设备。这些设备包括一次设备、二次设备和通信设备，根据不同的情况可能含有断路器、线路及相应保护装置、关口计费表、频率电压异常紧急控制装置、电能质量监测装置等。

电网侧接网成本主要由电网进行投资建设和维护，按照已有项目来看，占比一般为项目本体投资的 $3\%\sim5\%$。

（3）运维成本。

运维成本主要指微电网接入大电网后进行发电引起的日常费用，包括本体运维成本和并网运维成本。

本体运维成本是指微电网并网投入运行后的成本，主要包括运行成本和维护成本。运行成本主要是燃料成本，维护成本主要是设备维护成本和人员成本。运行成本与技术类型、运行方式相关，分布式天然气供电系统的运行成本主要是天然气成本和自用电成本，分布式光伏发电基本没有运行成本。维护成本通常以项目本体投资成本的一定比例考虑，该比例一般不超过 $2\%$。

并网运维成本主要是指微电网接入系统相关工程的运行维护费用，通常按照投资成本的一定比例考虑。

（六）典型示范工程——河南财专微网工程

（1）项目概况。

河南财专新校区位于郑州市中牟县白沙镇郑开大道京珠高速以东 3km 处，规划中的白沙组团河南职业教育集聚区内。新校区占地面积 834 亩，规划总建筑面积 342 713m²，可开展太阳能屋顶利用面积超过 43 500m²，可以实现光伏总装机容量 2MW。

河南财政税务高等专科学校分布式光伏发电及微网运行控制试点工程完成分布式光伏储能发电接入，实现河南绿色光伏电源无障碍并网。工程结合 7 栋学生宿舍楼设计应用 380kW 的光储联合微网系统。其中光伏发电系统 380kW，储能系统规模为 $2 \times 100kW/100kW \cdot h$，微网系统控制范围为财专 4 号配电区学生宿舍及食堂配电，包括 3 路光伏发电系统、2 路储能系统及 32 路的低压配电回路，并与调度机构进行通信。

微网的运行方式如图 3-11 所示。

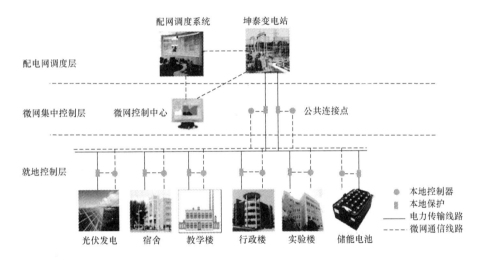

图 3-11 光储联合微网系统运行示意

微网并网运行时，光伏发电系统借助逆变器输出端，通过配电柜与园区内的变压器低压端 380V 并联，实现对当地负载供电，并将多余的电能通过变压器送入电网。储能系统通过自动调整充放电工作模式和输出功率控制平缓光伏发电功率波动，兼实现抑制电压波动和闪变，补偿负荷电流谐波等功能。微网控制功率系统通过闭环控制调节策略保证系统的稳定运行。

微网离网运行时，微网控制系统同时识别主网状态，通过负荷控制、充放电控制保证微网状态的平稳变迁，并且保证重要负荷供电。当光伏发电系统不能满足系统要求时，启动电储能系统实现对负载供电，直到系统供电恢复正常，当储能系统电池电压降到设定的放电电压时，停止放电以保护电池组。

（2）成本回收模式。

鉴于我国微电网的发展现状，微电网与电网公司关系密切。为了鼓励用户充分利用可再生能源，在微电网发展初期可以采取电网公司拨款补助模式来帮助用户尽快回收其运营成本。该模式可以减轻用户在建设微电网初期的财政压力，激发建设微电网的积极性，以促进微电网稳步发展。待微电网设备和技术成本降低到一定程度时，则可以撤销拨款补助模式，让微电网自主发展。河南财专"金太阳"工程正是运用了微电网发展初期的成本回收模式。调查显示，这种成本回收模式是现阶段在国内外比较流行的成本回收模式。鉴于微电网建设的高成本，预计微电网的成本回收模式将在短期内不会被新的成本回收模式所取代。

（3）河南财专微电网的主要收益情况。

通过对河南财专附近地区年日照量的统计，光伏发电的接入，可为用户提供每年约 88 万 kW·h 的发电量。按照目前市场上的学校用电电价 [0.56 元/（kW·h）] 计算，河南财专每年可节省电费 49.28 万元。按照该电站 20 年运营期计算，累计发电 2000 万 kW·h，总计可节省电费 1120 万元，实际运行 20 年后，该电站仍具有发电能力。就河南财专而言，光伏发电节约了常规一次能源的投入，节约了在用电投入方面的资金，可以作为微电网的基本收益。

此外，由于该项目中用于外部工程投资的 900 万元有一半是由国家财政局一次性补贴的，根据有关资料规定，由国家财政局对企业的财政补贴可以作为企业的收益考虑，所以对于河南财专而言，该光伏发电项目的投资额为 450 万元。

同时，以可再生能源发电为特色的微电网大大减少了二氧化碳、二氧化硫等气体的排放，为缓解温室效应做出了贡献。用户可以对减排的二氧化碳等气体进行公证并到国际上进行交易从而达到一定的经济收益。

# 国内外智能电网发展展望

**4**

传统的工业文明难以为继，解决面临的气候变化、环境破坏、资源枯竭引起能源纷争等能源危机问题，是第三次工业革命发生的动因。智能电网集成了新一代能源技术、信息技术、控制技术和材料技术，通过支撑以新能源发展为特征的能源革命来承载第三次工业革命，同时作为技术创新先导，对第三次工业革命具有全局性推动作用。

（1）智能电网将实现多能源系统的广泛互联。

新一轮能源变革以电力为中心，以优化能源结构、提高能源效率、促进节能降耗、共享社会资源、实现可持续发展为目标，涵盖能源生产开发、配置和消费的重大变革，是一个以具有高效、清洁、低碳和智能化为主要特征的能源系统取代传统能源系统的过程。

在新一轮能源变革的条件下，智能电网将在全社会能源供应和运输体系中发挥重大作用。智能电网作为新一轮能源变革的重要特征，对智能能源系统发挥着核心和引领作用。电网的功能作用得到了全面拓展，不再仅仅是电能输送的载体和能源优化配置的平台，更有可能成为第三次工业革命的重要标志之一，并通过能源流与信息流的全面集成和融合，进而成为影响现代社会高效运转的"中枢系统"。

智能电网将促进能源应用方式转向基于能效最优的多品类能源综合利用。能源应用将摆脱过去孤立、封闭和线性的简单利用，而是转变为基于系统能效最优的多品类能源协同、互补、循环的智能应用。利用智能化手段，实现多品类能源的系统协同、跨种类转换、循环利用，从而整体上大大提高了能源利用效率。智能电网作为优化终端用能方式的重要载体，必将在多种能源综合优化利用中发挥重要作用。

智能电网是实现智能能源系统和绿色、可持续发展的关键。智能电网可以实现清洁能源发电、分布式能源、微电网等多能源系统的灵活接入和有效调配，解决系统的安全、可靠、稳定运行问题，对清洁能源利用的支撑作用不断凸显。智能电网可以看成是一个对于多种一次能源利用的集聚体，电力作为清洁的二次能源，其大规模应用和替代其他能源（包括电代油、电代煤等），除具有经济效率、能源安全等方面的意义外，对环境保护也具有重要的作用。因此，智能电网是推动能源系统智能化、低碳经济、绿色经济的重要载体和有效途径，在经济社会可持续发展中发挥重要作用。

（2）智能电网推进科学技术创新。

智能电网的发展，需要电网技术、电力电子技术、信息通信技术、控制技术及新材料技术多方面的突破和创新，智能电网的应用也可以在更广泛的领域上有力地推进科技创新。

智能电网最直接的作用就是推动电力技术的突飞猛进。智能电网建设中新能源的大规模推广、各种灵活输变电设备的投入，将推动电力电子设备的大量应用，促进电力电子技术、电工技术等电气工程基础技术的进步，推动超导等电工新技术的发展，丰富电工技术的内涵，有利于拓展新兴技术领域，推动相关技术领域的变革。

智能电网可以带动机械、材料等技术进步。特高压技术是实现清洁能源资源全球配置的关键。特高压建设对特高压开关设备的开断容量、耐压等级和机械强度等机械制造工艺提出更严格、更精密的要求，开拓了先进机械制造业在特高压领域的应用先例，拓展了机械制造业的应用技术领域，促进了机床、铸锻造、焊接等制造工艺技术的进步，加快推进装备制造业针对性地开发用户所需要的新型工艺装备。智能电网的节能环保内涵促进各种新型材料在电网中的应用，材料科学、纺织科学技术（如光纤制造技术）、冶金工程技术等学科将会在智能电网建设中得到更大的创新及应用推广。智能电网对各种节能材料、环保材料、超导材料及光纤光缆的需求和应用，将促使各种新型材料、复合材料等新兴材料领域科技投入、研发力度的加强。

智能电网对建筑技术也有明显带动作用。智能电网赋予了建筑新的内涵，智能楼宇、智能小区对建筑材料的节能环保要求，将推动新型建筑材料的研发和生产，推动各种特性的复合材料、纳米材料等新型建筑材料使用，促成材料科学技术领域新的应用材料的诞生。同时，智能楼宇、智能小区需对住宅内设备运行状态、环境参数、能源利用情况进行全面的采集和分析，并通过能效管理分析平台提供直观的建筑能效利用情况，有助于制定科学合理的住宅能效管理方案，推动楼宇能效管理，促进节能技术的成果转化，推动能效管理产业、节能服务产业的发展。

智能电网为节能技术提供了理论和实践平台，促进其技术进步。智能电网在为节能、环保、低耗、高效社会提供坚实的发展和实施基础的同时，将有效地推动节能技术、低碳技术、环保技术、能效管理技术等实现突破，推动环境科学技术、化学工程技术等学科的技术和应用创新，以及相关技术标准体系的建立。

智能电网的建设将推动物联网相关技术的进步。智能电网中各类分布式电源、储能、电力电子设备的大量使用，需要新的测量、分析方法，为新型传感器、新型仪器仪表等方面的研制带来重大的机遇。

（3）智能电网推动产业升级。

　　智能电网的发展将为新能源、新材料、新能源汽车、高端装备制造业、节能环保、新一代信息等产业的技术水平提升、新兴应用领域的产生以及产能的扩张创造条件，极大地促进传统产业改造升级和新兴战略性产业发展，推动产业链由低端向高端转型，产业结构从提供产品向提供服务转型，生产方式从粗放向精细化转型，管理模式从传统向现代转型，有利于经济转型升级。

　　**智能电网促进战略性新兴产业发展。** 与传统的互联电网相比，智能电网技术密集型特征更加突出，对新材料、新能源汽车、高端装备制造业、节能环保、新一代信息等，具有很强的带动作用。当前，欧美发达国家已将发展智能电网纳入国家战略，欧盟将发展智能电网作为新兴经济的重要支柱，估算未来 20 年的建设投资规模将达到 5000 亿欧元；美国将智能电网作为实现经济复苏的战略性基础设施，估算未来 20 年的建设投资规模达到 1.5 万亿美元。我国规划确定的 20 项战略新兴产业重大工程，绝大多数与智能电网密切相关。

　　**智能电网促进传统产业改造升级。** 在智能电网的推动下，信息技术向传统产业广泛渗透，为产业结构优化调整、转型升级提供了新机遇。智能电网不断促进信息技术与能源、材料技术交叉融合，大幅度提高电力电子器件和电池行业技术水平与产品的升级换代速度，加快传统工业的改造升级，形成促进经济发展的新增长点。利用社会公共服务平台的功能，智能电网可以使电子商务、现代物流、工业设计、软件和信息服务等现代生产性服务业发展步伐不断加快，成为制造业的"心脏"和"大脑"，为传统制造业向高端装备制造业发展提供了重要基础和支撑。

　　（4）智能电网推动生产方式转变。

　　智能电网将开创建立在互联网与新能源相结合基础上的新的生产

模式，可再生能源技术与互联网和通信技术的融合，将推动能源生产与使用的变革、生产流程的变革以及生产组织方式的变革，对人类生产方式将产生巨大的影响。

智能电网促进绿色化生产。智能电网融合储能技术、分布式发电技术、微网技术、特高压技术等，将构建形成新的能源系统，变革社会发展的能源动力，提高能源开发、配置、消费全环节利用效率，促进清洁能源规模化和终端消费电气化，实现能源领域的绿色发展。另外在智能电网的推动下，传统的制造业将更加关注产品的碳足迹，注重产品环境属性，积极利用清洁能源和新型环保材料，实现绿色生产。

智能电网促进智能化生产。智能电网将支撑智能家庭、智能楼宇、智能小区、智慧城市建设，整合绿色能源、低碳建筑、电子通信、无碳物流等各个领域，推动人类生产进入全新的智能化时代。在智能电网的驱动下，新的生产方式将以数字化、智能化定制为主要特点，智能家电和数字化生产工具将替代传统家电和生产工具。为满足多元化的消费诉求，个性化生产与定制服务将替代大规模集中式生产模式，大规模、流水线式的生产方式转变为更为个性化的生产方式，制造业数字化将颠覆"铸造毛坯、切削加工、组装成品"等一系列传统的、循序渐进的生产流程，通过数字化叠加的方式，在制造流程中将最终产品快速成型，整合原材料直接以"打印"的方式将产品生产出来。

智能电网促进生产服务型发展。在信息化、自动化、互动化等技术的驱动下，智能电网将提升家用电器、输配电等相关设备的智能化水平，推动电气装备等制造业的核心内容向研发和设计为主转变，促进制造业与服务业高度融合。此外，智能电网与物联网、互联网高度融合，将构建成价值无法估量的社会公共服务平台，能源供应、信息通信、物流交通等各类服务基于这个社会公共服务平台，可以实现公共服务的集成化，将成为传统生产型企业与上下游产业信息交流的重要平台，促进传统生产型企业向生产服务型企业转变。

智能电网促进网络经济发展。智能电网具有较强的网络经济性。由于分布式能源的发展，数以百万计的人们将实现在家庭、办公区域及工厂中自主生产绿色能源，正如人们在互联网上可以任意创建属于个人的信息并分享一样，任何一个能源生产者都能够将所生产的能源通过一种外部网格式的智能型分布式电力系统与他人分享，发电企业、电网企业、用户等不同主体都能够按照各自的需求实现价值流、能量流、信息流和物质流的多向交互，逐渐形成基于智能电网的网络经济。

（5）智能电网推动生活方式改变。

智能电网将为用户管理与互动服务提供实时、准确的基础数据，从而实现电网与用户的双向互动，加大用户参与力度，提升用户服务质量，满足用户多元化需求，推动用户生活方式的改变。

智能电网使生活更舒适便捷。智能电网可以使用户的需求得到更全面、更及时的满足，将充分考虑到客户个性化、差异化的服务需求，实现能量流和信息流的双向交互，为客户提供灵活定制、多种选择、高效便捷的服务。智能电网建成后将实现通过智能用电设备实现电表查询、物业配送、网络增值、医疗等特色服务，实现电热水器、空调、冰箱等家庭灵敏负荷的用电信息采集和控制，同时建立紧急求助、燃气泄漏、烟感、红外探测于一体的家庭安防系统。用电信息采集系统平台可以为供水、供气、供热等信息平台提供有力的支持，为智能水表、智能气表、智能热力表的自动抄收、管线的在线监测、智能调度以及与用户的双向互动，提供经济、可靠、方便的技术支持。

智能电网使用户消费更加自主。随着智能电网的建设，电网与用户的关系越来越密切，用户对于用电自主权、选择权和参与权的渴望越来越迫切，逐渐成为电力系统运行和互操作的重要参与主体。智能电网使用电方和供应方能够产生双向互动，使用户从被动接受电网管理转变为主动参与负荷调整，是用电方式的重大变革。随着智能电网的发展，电力流和信息流由传统的单向流动模式转变为双向互动模式，信息透明共享，电力用户能够实时了解家庭及家电的用电信息、电价信息及政策、用电建议等，从而主动参与到用电管理中来，主动少用高峰时的电力，将负荷转移至低谷时段，以降低家庭的用电费用，实现科学用电，提高能源利用效率，达到电力需求侧管理和节能减排的目的。

智能电网使生活更低碳。智能电网可以使用户的生活和消费更加低碳清洁。智能电网可以使用户方便地选择太阳能、风能和地热能等新能源发电，促进了新能源的建设与发展。居民在小区内安装光伏发电、地热发电、风力发电、储能装置等电源，智能电网通过信息、控制等集成技术能够实现用户的电能反送电网，并且部署控制装置与监控软件，实现分布式电源的双向计量，用户侧分布式电源运行状态监测与并网控制；综合小区能源需求、电价、燃料消费、电能质量要求等，结合储能装置，实现小区分布的能源消纳和优化协调控制，分布式电源参与电网错峰避峰，提高清洁能源消费的比重，减少城市污染。电动汽车的动力电池，可以看成是电网的一个分布式储能单元。动力电池 V2G 在非负荷高峰时段自动充电，在负荷高峰时段放电（售电），电动汽车甚至可以扮演后备电源的角色。

（6）智能电网支撑智慧城市建设。

智慧城市的正常运转离不开智能电网，智能电网是智慧城市的核心。智能电网对智慧城市建设的核心作用，主要体现在以下几个方面：

促进城市的绿色持续发展。智能电网建设可以使分布式清洁能源利用更加便捷，大幅提升电网对清洁能源的接纳能力和大范围优化能源资源配置的能力，促进绿色能源的高效集约开发，将远离城市的清洁能源源源不断地输送到城市。先进的智能电网技术让城市节能减排实现精益化，让绿色交通走进城市生活。电动汽车的大规模普及应用，将大大降低城市交通对化石能源的消耗和依赖，减少二氧化碳的排放，促进城市交通绿色发展，对解决当前我国城市大量燃油汽车造成的空气污染严重问题具有重要作用。

助力城市神经系统的构建。智能电网在为城市输送电能的同时，还能实现各类信息的高速传输。与输电线路配套的电力信息传输网络可以成为服务于城市信息化的重要神经网络。通过强大的电力信息通信网，可以实现数据和信息的高速可靠传输，既可以服务于电力行业生产运行，也可以服务于其他领域的信息通信需求，让城市生产及管理变得更高效和便捷。随着电力通信网的发展，城市的应急响应能力也得到了提升：丰富的环境监测系统与各类应急响应系统（如水利、风力、地质、消防等应急响应系统）的信息交互，能实现对自然灾害等突发事件的快速感知；强大的电力通信网为应急响应信息提供高速可靠的传输渠道；而高覆盖率、多样化的发布平台也让应急响应信息及警报发布更高效。在智慧城市的信息通信网络体系中，高效、集成、安全的电力信息通信网既是行业专网，也是城市公网的重要支柱，可以为智慧城市的建设与运营提供一个安全可靠的信息通信网络环境。

丰富城市服务内涵。智慧城市的服务，必将朝着更环保、更科学、更高效的方向发展，而智能电网可以在智慧能源、智慧交通、智慧市民服务等多方面为城市服务的发展提供强有力的支撑。一是为电动汽车提供智能充换电服务；二是为用户提供双向互动服务；三是公共市政管理；四是为城市提供更多的信息资源。

在上述趋势下，美国、欧洲、日本等国家和地区在智能电网发展中表现出一些新动向。借助本国电科院等机构的科研实力，美国继续注重智能电网的前瞻性研究，不断升级国际智能电网理念。另外，随着本国能源战略调整和智能电网建设深入，美国智能电网更加注重开发利用本国能源，重视进行智能电网建设的阶段性评估和相关平台集成后的综合效益体现。受不同国家智能电网进展参差不齐的影响，欧盟智能电网的发展在继续重视可再生能源开发的同时，重视加强国家之间的合作，致力于提升智能电网互操作性等方面的工作。日本加大太阳能、核能等新能源的利用力度以期缓解本国能源紧张局面，而日本新一轮的电力改革使得非传统电力企业进入电力市场。印度、巴西等国智能电网建设虽然缓慢，但是展示出对本国可持续能源供给的重视。

我国智能电网紧紧围绕国家能源战略的总体部署，适应电源开发、用户需求和节能减排要求，大力推进"一特四大"战略，依托先进的特高压输电和智能电网技术，加快建设以特高压电网为骨干网架、各级电网协调发展的坚强智能电网，构建贯穿发电、输电、变电、配电、用电和调度全部环节和全电压等级的电网可持续发展体系，全面提升电网的资源配置能力、安全稳定水平和经济运行效率，构建安全、环保、高效、互动的现代电力体系。

随着市场在经济社会中发挥决定性作用，电网将成为优化配置能源资源的绿色平台、满足用户多元需求的服务平台。智能用电互动化的体现形式呈现多元化，涵盖了常规用电服务、增值服务和其他多元化服务。智能用电互动化涉及的市场领域也将不断拓展，竞争主体不断扩大，业务市场不断丰富。但是，智能电网的发展离不开政府部门的主导和相关政策的支持。例如，需要国家主管部门出台关于智能电网示范项目的灵活电价政策，以电网企业为主体，在当地发展改革委或物价部门报备，实施灵活电价政策，充分发挥智能用电互动化开展的预期效益；对智能电表、电动汽车、新能源相关设备等实施增值税优惠政策，加强设立专项基金节能技改贷款贴息、绿色贷款等扶持力度，促进智能电网科学、快速发展。

# 参 考 文 献

［1］美国能源部 . GRID 2030——美国电力系统下一个百年的国家愿景（Grid 2030，A National Vision for Electricity's Second 100 Years）. 2003. 7.

［2］美国能源部. 智能电网系统报告（Smart Grid System Report）. 2009. 7.

［3］美国能源部电力传输和能源可靠性办公室. 2010 战略计划（2010 Strategy Planning）. 2010. 6.

［4］美国白宫国家科学和技术委员会. 21 世纪电网政策体系：工作进展报告（A Policy Framework for the 21st Century Grid：A Progress Report）. 2013. 2.

［5］美国能源部. 复苏法案智能电网投资的经济效益（Economic Impact of Recovery Act Investments in the Smart Grid）. 2013. 4.

［6］美国能源部. 美国 2009 复兴与再投资法案（ARRA）—智能电网投资项目的第二期进度报告（American Recovery and Reinvestment Act of 2009，Smart Grid Investment Grant Program，Progress Report Ⅱ）. 2013. 10.

［7］美国国家标准技术研究院（NIST）. 智能电网网络安全框架（Guidelines for Smart Grid Cyber Security）. 2013. 10.

［8］美国能源部. 电网储能（Grid Energy Storage）. 2013. 12.

［9］太平洋西北电力公司. 智能电网示范项目 2013 年年度报告（Pacific Northwest，Smart Grid Demonstration Project 2013 Annual Report）. 2014. 3.

［10］欧盟委员会. EEGI 路线图（The European Electricity Grid Initiative Roadmap）. 2012. 12.

［11］德国电气电子和信息技术委员会（DKE）. 德国智能电网标准路线图 2.0 版（The German Standard Roadmap E-energy/Smart Grid

2.0）. 2013.3.

[12] 欧盟委员会. 欧洲智能电网工程：经验及发展情况（Smart Grid pro-jects in Europe：lesssons learned and current developments）. 2013.4.

[13] 欧盟电网计划（The European Electricity Grid Initiative. EEGI）. 2014 年智能电网项目前景（Smart Grid Projects Outlook 2014）. 2013.5.

[14] SMART EU. 智能电网标准化文件地图（Smart Grid Standardization Documentation Map）. 2013.7.

[15] SMART EV. 智能电网行业行动文件地图（Smart Grid Industry Initiatives Documentation Map）. 2013.7.

[16] 日本内阁. 电力事业法. 2013.11.

[17] 国务院. 能源发展"十二五"规划. 2013.1.

[18] 住房和城乡建设部."十二五"绿色建筑和绿色生态城区发展规划. 2013.3.

[19] 国务院. 关于促进光伏产业健康发展的若干意见. 2013.7.

[20] 国家发展改革委. 分布式发电管理暂行办法. 2013.7.

[21] 住房和城乡建设部. 关于公布 2013 年度国家智慧城市试点名单的通知. 2013.8.

[22] 财政部. 关于继续开展新能源汽车推广应用工作的通知. 2013.9.

[23] 南方电网公司. 南方电网发展规划（2013－2020 年）. 2013.9.

[24] 国家发展改革委员会. 国家发展改革委办公厅关于组织开展 2014－2016 年国家物联网重大应用示范工程区域试点工作的通知. 2013.10.

[25] 国家能源局. 光伏发电运营监管暂行办法. 2013.11.

[26] 国务院. 国家新型城镇化规划（2014－2020 年）. 2014.4.

[27] AEP Ohio Power Company.GridSMART ® 示 范 项 目 技 术 报 告（《GridSMART ® Demonstration Project Final Technical Report》）. 2014.6.